中等职业教育专业技能课教材

中等职业教育中餐烹饪与营养膳食专业系列教材

烹饪工艺美术

PENGREN GONGYI MEISHU

主　编　徐　军

副主编　燕建泉　张志敏

U0190675

重庆大学出版社

内容提要

本书主要介绍烹饪工艺美术概述、烹饪色彩、烹饪造型图案、烹饪图案形式美法则、烹饪菜点的造型与拼摆、烹饪综合造型艺术等内容，其主要特点为：图文并茂、浅显易懂、实用性强。读者对象主要是中餐烹饪与营养膳食专业中等职业学校学生，本书也可作为科普读物，面向大众群体。

图书在版编目（CIP）数据

烹饪工艺美术 / 徐军主编. —重庆：重庆大学出
版社，2015.8（2024.1重印）
中等职业教育中餐烹饪与营养膳食专业系列教材
ISBN 978-7-5624-8904-7

Ⅰ.①烹…　Ⅱ.①徐…　Ⅲ.①烹饪艺术—中等专业学
校—教材　Ⅳ.①TS972.11

中国版本图书馆CIP数据核字（2015）第041339号

烹饪工艺美术

主编　徐　军
副主编　燕建泉　张志敏
责任编辑：范　莹　　版式设计：范　莹
责任校对：谢　芳　　责任印制：张　策

*

重庆大学出版社出版发行
出版人：陈晓阳
社址：重庆市沙坪坝区大学城西路21号
邮编：401331
电话：（023）88617190　88617185（中小学）
传真：（023）88617186　88617166
网址：http://www.cqup.com.cn
邮箱：fxk@cqup.com.cn（营销中心）
全国新华书店经销
重庆升光电力印务有限公司印刷

*

开本：787mm×1092mm　1/16　印张：10.75　字数：268千
2015年8月第1版　2024年1月第7次印刷
印数：15 001—17 000
ISBN 978-7-5624-8904-7　定价：45.00元

中等职业教育中餐烹饪与营养膳食专业
国规立项教材主要编写学校

北京市劲松职业高中

北京市外事学校

上海市商贸旅游学校

上海市第二轻工业学校

广州市旅游商务职业学校

扬州商务高等职业学校

扬州大学旅游烹饪学院

河北师范大学旅游学院

青岛烹饪职业学校

海南省商业学校

宁波市鄞州区古林职业高级中学

云南省通海县职业高级中学

安徽省徽州学校

重庆市旅游学校

重庆市商务高级技工学校

出版说明

2012年3月19日，教育部印发了《关于开展中等职业教育专业技能课教材选题立项工作的通知》（教职成司函〔2012〕35号）。根据通知精神，重庆大学出版社高度重视，认真组织申报，与全国40余家职教教材出版基地和有关行业出版社展开了激烈竞争。同年6月18日，教育部职业教育与成人教育司发函（教职成司函〔2012〕95号）批准重庆大学出版社立项建设"中等职业教育中餐烹饪与营养膳食专业系列教材"，立项教材经教育部审定后列为中等职业教育"十二五"国家规划教材。这一选题获批立项后，作为国家一级出版社和教育部职教教材出版基地的重庆大学出版社积极协调，统筹安排，主动对接全国餐饮职业教育教学指导委员会（以下简称"全国餐饮行指委"），在作者队伍的组织、主编人选的确定、内容体例的创新、编写进度的安排、书稿质量的把控、内部审稿及排版印刷上认真对待，投入大量精力，扎实有序地推进各项工作。

2013年12月6—7日，在全国餐饮行指委的大力支持和指导下，我社面向全国邀请遴选了中餐烹饪与营养膳食专业教学标准制定专家、餐饮行指委委员和委员所在学校的烹饪专家学者、骨干教师，以及餐饮企业专业人士，在重庆召开了"中等职业教育中餐烹饪与营养膳食专业国规立项教材编写会议"，来自全国15所学校30多名校领导、餐饮行指委委员、专业主任和骨干教师出席了会议，会议依据"中等职业学校中餐烹饪与营养膳食专业教学标准"，商讨确定了25种立项教材的书名、主编人选、编写体例、样章、编写要求，以及教学配套电子资源制作等一系列事宜，启动了书稿的编写工作。

2014年4月25—26日，为解决立项教材各书编写内容交叉重复、编写样章体例不规范统一、编写理念偏差等问题，以及为保证本套国规立项教材的编写质量，我社又在北京召开了"中等职业教育中餐烹饪与营养膳食专业系列教材审定会议"，邀请了全国餐饮行指委秘书长桑建、扬州大学旅游与烹饪学院路新国教授、北京联合大学旅游学院副院长王美萍教授和北京外事学校高级教师邓柏庚组成专家组对各书课程标准、编写大纲和初稿进行了认真审定，对内容交叉、重复的教材，在内容、侧重点以及表述方式上作了明确界定，并要求各门课程的知识内容及教学课时，要依据全国餐饮行指委研制、教育部审定的《中等职业学校中餐烹饪与营养膳食专业教学标准》严格执行。会议还决定在出版此套教材之后，将各本教材的《课程标准》汇集出版，以及配套各本教材的电子教学资源，以便各校师生使用。

2014年10月，本套立项教材的书稿按出版计划陆续交到出版社，我们随即安排精干力量对书稿的编辑加工、三审三校、排版印制等全过程出版环节严格把控，精心工作，以保证立项教材出版质量。此套立项教材于2015年5月陆续出版发行。

在本套教材的申请立项、策划、组织和编写过程中，我们得到了教育部职成司的信任，把这一重要任务交给重庆大学出版社，也得到了全国餐饮职业教育教学指导委员会的大力帮助和指导，还得到了桑建秘书长、路新国教授、王美萍教授、邓柏庚老师等众多专家的悉心指导，更得到了各参与学校领导和老师们的大力支持，在此一并表示衷心的感谢！

我们相信此套立项教材的出版会对全国中等职业学校中餐烹饪与营养膳食专业的教学和改革产生积极的影响，也诚恳地希望各校师生、专家和读者多提改进意见，以便我们在今后不断修订完善。

重庆大学出版社
2015年5月

前言

　　2015 年，《中等职业学校中餐烹饪与营养膳食专业教学标准》正式颁布，同时，随着餐饮行业不断发展，社会需要越来越多的餐饮一线从业者，并且对他们的专业素养和技术水平提出了更高的要求。作为高素质、高技能人才的主要培训途径，中餐烹饪与营养膳食专业职业教育的重要性更加明显。各职业院校都在根据教学标准紧锣密鼓地进行课程改革，努力提高教学质量。与此同时，相关教材的开发则是推进课程改革的重要保障，《烹饪工艺美术》即是在这样的背景下完成的，面向中餐烹饪与营养膳食专业中职学生。

　　烹饪是文化，烹饪是科学，烹饪是艺术。这就对所有学习烹饪专业的学生提出了三大要求，随着烹饪专业职业院校技能大赛红红火火地举办，又把菜品的制作推向了一个较高的层次，色、香、味、形、器、营养、意境等需要全方位考虑，最终达到一个美轮美奂的效果。一个即将从事烹饪专业的学生，必须对美学知识有所了解，对烹饪工艺美术要能够掌握运用。本书本着切合实际、浅显易懂、实用够用的原则，精选了内容，广用图片，力求让学生懂得色彩搭配在烹饪中的运用。

　　本书的编写历时 2 年，由江苏省扬州商务高等职业学校办公室主任徐军担任主编。全书共分 8 个项目内容。项目 1、项目 2、项目 4、项目 5、项目 6 中的任务 1、任务 2、任务 5，项目 7 由徐军编写，共计 182 000 字左右。项目 3 由张志敏、张媛、曹荣编写，共计 26 000 字左右。项目 6 中的任务 3、任务 4 由燕建泉、曹建编写，共计 15 000 字左右。在教材编写过程中，走访了许多企业专家和社会学者，参阅了很多烹饪类教材和书籍，在这里不一一列出，谨表示衷心的感谢。

编　者

2015 年 2 月

目录

contents

目录

contents

项目1

烹饪工艺美术概述

学习目标

✧ 了解烹饪工艺美术基本知识，掌握烹饪工艺美术的学习方法。

学习重点

✧ 烹饪工艺美术的概念理解。

学习难点

✧ 掌握烹饪工艺美术的学习技巧。

建议课时

✧ 2课时。

任务1 烹饪工艺美术的起源和发展

1.1.1 烹饪工艺美术的起源

美，是一个千古生辉的字眼；美，激荡着千百万人的心弦。在这个人类生长繁衍的大千世界里，美伴随着人类的劳动实践而降临，又伴随着人类文明的进步而发展。

原始社会初期，人们以手、脚等身体器官和石头、树枝等天然工具为武器，与险恶的自然界作斗争，通过大量的劳动实践和狩猎生活，人们逐渐懂得带尖、带刃的石器具有较强的杀伤力；形式对称的石器，投掷起来容易取得平衡锥形的刃和圆形球，在投掷中速度较快。人们当时并不懂得这方面的任何原理，凭着直觉和经验，看到了这些稍经加工的石器更有利于猎取食物，给生存带来了极大的便利，并产生了愉快欢乐的情绪。如果说人类历史是从原始人把石头打制成第一件工具开始，那么，美也就闪耀着实用功能的光辉同时诞生了。那时，人们把捕获的飞禽走兽、蚌蛤龟虫活剥生吞，采集到的果实根茎也是生吃。这种饮食是原始的、粗陋的，只有生理上的满足，而没有精神上的美感。火的发现与运用，使人类进化发生了划时代的变化，从此结束了茹毛饮血的蒙昧时代，进入了烤制熟食的文明时代，也为饮食美的发展提供了物质基础。随着人类的劳动创造及生活方式的不断开拓和发展，出现了陶器。最初的陶器就是为盛装或烹煮食物而设计制作的。《周易·下经·鼎》篇记载："以木巽火，亨饪也。""鼎"是饮、食共用器具，开始是用陶制成的；"木"是柴草之类的燃料；"巽"，原意是风；"亨"即烹，为煮的意思；"饪"是指烧熟的食物。这句话就是说将食物原料放在陶器里，添清水，用柴草点火炊熟，这就是烹饪。陶器的发明和使用，使人类可能煮熟食物。人类又经过了长期的劳动实践，懂得了煮海水做盐，有了最基本的调味品。人们对食物质地的好坏、味道的甘美及食物的色彩、形态有了认识，并在烹煮食物时，有意识地将自己的主观意念——美，注入进去。

随着猎物的丰富以及生活的多样化，人们根据不同的用途来烧制陶器。作为饮食用具的有钵、盆、碗、杯，作为炊具的有灶、甑、釜、罐等。人们从实践中逐渐懂得了比例的协调、匀称，掌握好重量的重要性。有的为了使陶器好拿、好放、好使用，在陶器上加个器耳或添上三只脚；有些陶器上还有彩绘图案，有表现动物、植物外形的图案，甚至有手拉手跳舞的图案。1973 年，我国青海大通县出土的新石器时代的彩陶上，画有舞蹈图案（图 1.1），虽然不能简单地说他们在劳动之余手拉手地跳舞和唱歌，即进行专门的艺术活动，但已明显地反映了人们的审美意识开始从实用中逐渐发展来，分离出来，独立的审美意识越来越强，美感也越来越丰富。

美的概念的起源与烹饪饮食的密切关系，从"美"字的几种写法上也能反映出来（图 1.2）。这三种象形文字表示什么呢？最早的解释是：美字是分别由两个部分组合而成的，上半

图 1.1　出土彩陶

甲骨文　　金文　　小篆　　楷体

图 1.2　美字的演变

部画的都是一对羊角，代表羊。下半部是一个大字，代表人。美的概念早期是指人戴着羊头面具，伸展四肢，自由自在舞蹈的形象。羊既可以供人食用，又可以把羊头羊角戴在头上作为伪装，引诱野兽，以便围歼猎获。每当庆贺狩猎丰收时，戴起羊头手舞足蹈。因此，我们可以看出原始人的审美活动起初是与狩猎这种生产劳动结合在一起的。谁能捕捉到野兽，谁能让人们获得幸福，谁就是美的。随着社会的发展，人们的审美意识有了发展，认为凡是对整个社会有益，能满足人类需要的东西是善的，也是好的、美的。汉代许慎在《说文解字》中指出："美，甘也，从羊，从大。羊在六畜，主给膳也，美与膳同意。"这就是说，在古代原始氏族人的眼里，陶器能存放食品，给人们以方便，所以是善的、美的。羊是人类最早的牧养动物之一，又肥又大的羊，味道甘美，能满足人们食物上的需要，因此它是善的、美的。显而易见，古人对美的事物的解释是基于饮食。善即美的观念在我国古代文献中大量记载着。《论语·子路篇》曰："善居室。……富有，曰：'苟美矣'。"《孟子·告子章句上》曰："五谷者，种之美者也。"《汉书·食货志下》饮酒为"天下美禄"等，都是从饮食、居住等供人享受，有益于人的角度来阐述美的。

1.1.2 烹饪工艺美术的发展

"美"作为一门独立学科，是近代科学发展的产物。20世纪以来，"美"向着纵深方向发展。一方面现代心理渗入"美"，探寻人类审美感受的心理特征；另一方面是"美"走向社会，与各有关部门特点结合起来成为部门"美"，产生了不少新兴的"美"的分支，诸如生产美学、建筑美学、商品美学、景观美学等。人类的烹饪活动和审美活动是在人类物质生产活动的长期实践中产生的，也必将伴随着人类社会的发展而发展。烹饪是文化，是艺术，随着"美"向着纵深方向发展，烹饪工艺美术也就在这样的情况下诞生了。

思考与练习

小组讨论：烹饪工艺美术的发展经历了哪几个重要过程？

任务2 烹饪工艺美术的含义和特点

1.2.1 烹饪工艺美术的研究对象

学科是以研究对象划分的。一门学科要进行研究，首先得弄清楚这门学科的含义和特点。烹饪工艺美术是一门既古老又年轻的学科，它也有其独特的研究对象。说它是一门古老的学科，是因为烹饪活动是人类赖以生存、繁衍和发展的最根本的条件和基础，甚至可以说是一切文化之祖。人类祖先在获得食物以后发出的呼叫声或欢笑声，就是人类最早的歌声；他们吃饱喝足以后表现出来的欢快举止、手舞足蹈的动作，就是人类最初的舞蹈，他们在谋求食物中画下的各种记号，就是人类最初的文字或美术作品。在新石器时代，人类在懂得、掌握烹饪方法以后，便随之将自己的审美感受也注入其中了。说它是一门年轻的学科，是因为我们的祖先虽然早已懂得"民以食为天"的道理，但多是就吃说吃，很少从"美"的高度加以研究和阐述。直至物质文明发展到一定水平，现代科学技术较为发达的时期，人们才有条件和比较自觉地将烹饪工艺美术作为一门科学来研究，以期从"美"的高度提高人们的认识，用以指导人们的饮食生活，促进人们的身心健康。

对于美术的研究，主要是研究人们对现实的审美关系。美术基本可分为两大类：理论美术和应用美术。理论美术主要研究美和美感的一般规律；应用美术主要研究物质生活与精神生活领域的审美活动，也叫实用美术，其中就包括烹饪工艺美术。烹饪工艺美术是研究烹饪中美的规律性，以及人们烹饪饮食审美的一门学科，揭示烹饪活动中美的创造，人们的审美意识与烹饪文化背景的内在关系。

我们学习烹饪工艺美术的内容包括以下两个方面：

①烹饪制作工艺美及菜肴美。烹制菜肴在美的追求上是辩证的，既重天然色彩又重装饰美化，既有自然形态又有人工塑造，并力求将色、香、味、形、器、质、养融为一体。这就使烹饪艺术具有赏心悦目、脍炙人口的魅力，给人以美的享受。烹饪工艺美术就是要研究烹制菜肴美的规律性，如图1.3所示。

图1.3 极具美感的菜肴

②烹饪制作环境美及饮食氛围美。烹饪过程不仅对菜肴的色、香、味、形等有基本要求，而且要善于选择、购置餐具和炊具，充分发挥其实用和审美功能。餐具和炊具体现着工艺美学原理在烹饪中的运用。另外，在菜肴的命名、进餐环境的美化和布置，筵席台面的摆设、宴会气氛的调节、菜肴装盘、上桌的规格顺序等方面也要按照美的规律来表现。烹饪工艺美术就是要研究烹饪环境美化的一般法则，饮食环境与筵席设计中的美学原则和设计方法，如图1.4所示。

图1.4 氛围的美化设计

烹饪工艺美术的研究范围，说明了这门学科与烹饪原料学、工艺学、营养卫生学，与美学、文学、民俗学、心理学都有密切的联系。

🧁 1.2.2 学习烹饪工艺美术相关知识的意义

人总是爱美的，烹饪是人类社会活动中一种极重要的基础活动，更离不开美。人类爱美，需要美，为此而需要学习、掌握美学理论和知识。学习烹饪美学有以下重要的意义：

①学习、研究烹饪美学，可以更好地弘扬中国饮食文化传统。中华民族是个有五千年历史的文明古国，中国烹饪文化是民族文化的宝贵遗产，是我国各族人民几千年来辛勤劳动的成果和智慧的结晶。我国的烹饪艺术，色、香、味、形俱臻上乘。孙中山先生曾说过："中国近代文明进化，事事皆落人后，惟饮食一道之进步，至今尚为文明各国所不及。"饮誉全球的中国烹饪艺术，科学地总结了多种相关学科的成果和知识，并且日益发展成为一种愈来愈精密的综合性实用艺术。在烹饪艺术中，蕴藏着民族的审美心理和审美趣味。因此，学习和研究烹饪美学，是对我国传统的烹饪文化的弘扬、继承和发展。

②学习、研究烹饪美学，是适应改革开放形势下烹饪技艺发展总趋势的需要。随着我国现代化建设事业的不断发展，改革开放政策的深入贯彻，市场上的商品丰富了，人们的生活条件改善了，人们需要的满足程度也得到较大的提高，生活正从温饱型向小康型发展。"吃要讲营养"，人们上市场买菜买副食品，非新鲜的不买。鱼要活蹦乱跳，鸡鸭要当面宰杀，蔬菜要青翠欲滴，要吃新鲜、吃本味、吃花样、人们也越来越讲究菜点的精美工艺。

随着时代的前进，人们的饮食观也在发生变化。美食，已经不再是为了生存的需要而填饱肚皮的食物，它的功能还有促进友谊和进行庆贺，是美化生活的艺术活动，是追求艺术享受和精神愉悦。

现代生活中，人际交往越来越频繁，交际少不了烹饪艺术；国与国之间加强了解，地区与地区，企业与企业之间加强经济联系，也借助于烹饪艺术。学习和研究烹饪美学，就可以适应烹饪技艺发展总趋势的需要。掌握了筵席设计、菜单设计等应用技艺，懂得了对称、调和、节奏、均齐及多样统一等形式美法则，就能制作出适合人们需要，受到人们喜爱的佳肴。

③学习、研究烹饪美学，可以增长人们的烹饪审美能力和鉴赏能力，提高审美情趣和精神素质。人要全面发展，包括德、智、体、美各个方面。德育引导、智育增长、体育锻炼与美育陶冶是统一的、密不可分的。审美教育的着眼点就是要培养和提高人们的审美能力、审美情操和审美创造力。

④学习烹饪美学，可以引导和帮助人们树立正确的审美观念和提高审美情趣。美馔佳肴是形象鲜明的实用艺术，饮食烹饪充满着浓厚的生活情趣和生活气息。用正确的观点认识、理解烹饪美学，可以唤起人们对美好事物的审美情思及其追求，培养人们对真正有意义的生活的审美感受力。

⑤学习烹饪美学，可以培养人们的审美鉴赏力和良好的艺术修养。在烹饪审美教育中，学习烹饪美学基础知识，了解烹饪美学的特征，分析鉴赏受人民大众喜爱的佳肴美馔，能够受到艺术形象的感染，引起情感的共鸣。在审美享受中，心灵得到陶冶，艺术修养得到提高。

⑥学习烹饪美学，可以指导人们参与烹饪实践活动，不断培养人们的审美表现力和创造力。良好的审美活动，可以使人们情绪饱满，积极向上，对促进人们的身心健康和智力发展有很大的好处。

良好的烹饪审美情趣必然导致为对烹饪事业的热爱，对烹饪专业知识和技能的渴望与追求，积极参与烹饪实践和创造性的艺术活动。这种创造性的烹饪艺术劳动，既能展示烹饪美，也能反映出人们的审美取向和审美心理，培养人们对美的感受表现力和创造力。

思考与练习

1. 小组讨论：通过学习，你认为烹饪工艺美术的含义是什么？
2. 学习烹饪工艺美术的重要性。
3. 小组展示：使用多媒体展示你搜集到的关于烹饪的优美图片。

任务3 如何学好烹饪工艺美术

1.3.1 掌握好美术基础知识

色彩、造型、图案等知识是学习烹饪工艺美术的基础，掌握好美术基础知识，对于加深对烹饪工艺美术的理解、掌握其运用变化具有重要的作用。对美术知识的概念要清楚，对其性质及作用要认真领会，可以通过食物照片和图解以及调色、素描、写生等学习方法，加强对色彩、形体、造型的认识。

1）基础素描课

理论学习：素描的基本常识和写生步骤，素描在美术造型中的作用及常用的绘画透视原理。课堂练习：通过对石膏几何体、陶罐、水果的素描写生练习，使学生掌握简单的黑、白、灰的线条表现能力和空间造型能力（图1.5）。

图1.5 静物素描

2）基础色彩课

理论学习：色彩的形成，色相环、三原色、三要素，复色、间色的意义及作用，色彩的心理情感，色彩的对比调和、空间混合的基础知识。课堂练习：色彩的色相环冷暖练习，色彩的调和、渐变、对比、色彩的情感、空间混合练习。作色技巧练习。如"五彩肉丝"（图1.6），是五种不同色的原料，经过刀工切成细丝，然后经过烹调把五种原料杂陈混合在一起，装入盘内之后，几种原料色彩并没有直接混合，而是离开一段距离观看，便能看到几种颜色的原料切成的丝，混合出一个新色，当然色彩倾向决定某种色原料的多少。

图1.6 五彩肉丝

3）烹饪色彩课

理论学习：色彩在烹饪中的作用，食品色彩的基本特征，食品烹饪对人的心理、生理的作用和变化，色彩的联想等。冷暖色在烹饪中的运用及食品通过烹、炸、煎、煮前后颜色的变化，食品原料冷暖色的配置，中性色、无彩色在烹饪中的调配与应用，烹饪色彩的对比与调和的规律和方法。课堂练习：各种冷色、暖色食品原料调配操作练习。如西红柿、红枣、枸杞、红辣椒等暖色原料与青菜、黄瓜、葱、蒜等冷色原料的对比与调和练习。烹饪原料的对比与调和练习。烹饪原料烹制前后的色彩变化及对比调和练习，如大虾、生蟹烹前是灰色，烹后变成金红色。烹饪作料颜色的识别及调制应用，暖色调料应用，如番茄酱、辣椒油等，冷色调料的应用，如葱、蒜、青椒的应用及无彩色汤料的应用练习。

4）烹饪图案课

理论学习：图案的形式法则，动物、花卉、风景图案变化规律，构成形式、表现手法。烹饪图案的特性中传统喜庆图案的应用，图案的变化与统一、对称与均衡、单一与反复在烹饪中的应用。单独纹样、连续纹样在烹饪食品中的表现形式，如瓜果、菜叶、菜梗、鱼虾、禽蛋等原料在冷、热菜肴设计中的重复排列及围边、围花的应用（图1.7）。课堂练习：根据所学理论知识，从临摹再到设计的纸上练习，主要以圆形、方形、椭圆形的适合纹样、自由纹样、填充纹样、角隅纹样设计为主，继而再进行食品原料的实际操作的图案拼摆练习，多以糕点、水果拼盘为练习对象。主要以独立式、背立式、对立式、圆心与圆周对称式、均衡式、离心式、旋转式、综合式的图案排列组合为练习重点。

图1.7 图案拼摆

5）字体设计课

理论学习：美术字的基本设计规律及在烹饪中的作用，宋体、黑体、变体字的结构特征及书写方法。课堂练习：宋体、黑体、基本笔画练习，特别是变体美术字的设计与书写，练习应用食品原材料在中餐、西餐糕点中设计和制作如福、禄、寿喜庆吉祥字样（图1.8）。

图1.8 字体的设计

6）菜点造型课

理论学习：立体构成，烹饪造型的美学基本原理，手法和艺术风格，图案在烹饪造型中的应用，冷菜拼盘的形式，花卉、动物、风景的造型手法，瓜果等食品原料雕镂技巧及与其他原料在造型中的综合运用。课堂练习：通过教师的理论讲述和示范操作，学生再对实物，如瓜果、蔬菜进行雕刻拼摆造型练习，特别是一些富有民族特色的传统喜庆菜肴，如红梅迎春、孔雀开屏、雄鸡报晓、延年益寿等主题性造型的设计与练习（图1.9）。

图1.9 菜点造型设计

🧁 1.3.2 加强基本功训练

烹饪工艺美术是烹饪中较高的工艺层次，但若没有艺术和文化修养等各方面素质的综合能力，尤其是制作菜点的基本功能力，如刀工、火候、调味、配菜、各种烹饪技法和装盘等，是不可能达到烹饪工艺美术效果的。因此，我们要刻苦训练基本功，熟练掌握烹饪中的操作技术，并且要运用自如，逐渐使作品真正达到食物性很强，且生动形象、富有情趣的审美效果（图1.10）。

图1.10 刻苦的基本功训练

🧁 1.3.3 把握好烹饪工艺美术的规律及其各个内容之间的关系，并注重其运用特点

烹饪工艺美术既然是一门艺术，它就是一种创造，这种创造表现在为生活服务的直接性。烹饪工艺美术的规律是烹饪结合美术在烹饪运用中的有机联系，这种联系不是任意的，必须符合烹饪自身特点，是各个内容之间互为体现，只有从总体把握，才能体现烹饪工艺美术的色、香、味、形、器的统一美。通过这门课的学习，除了掌握美术的基础知识和烹饪色彩、造型、

食品雕刻、器皿选配、筵席设计等方面的内容和实例之外，更重要的是灵活利用这些知识和规律，提高创造的能力，使烹饪工艺美术真正成为符合其规律和食用的艺术。

思考与练习

1. 说一说你对烹饪工艺美术的认识。
2. 在今后的学习中，你将如何运用所学到的烹饪工艺美术知识提高自己的专业水平？

项目 2

烹饪图案的写生

学习目标

✧ 了解什么是烹饪图案写生，深刻理解图案写生原理；掌握常用图案写生的方法、写生的步骤及注意问题；了解常见图案写生的对象特征及特点要求。

学习重点

✧ 灵活运用图案写生的方法和技巧并能在烹饪实践中具体运用，掌握烹饪实践中常用的一些图案写生，如各种花卉、自然景观、典型人物形象以及动植物。

学习难点

✧ 有针对性地进行一些图案写生练习，学生的形象思维能力、审美观的提升。

建议课时

✧ 6课时。

任务 1 烹饪图案写生的方法

烹饪图案写生是实现烹饪实用性、艺术性结合的最佳途径。写生的方式不拘一格，要注意把自然界中杂乱无章、混乱无序的东西归纳成章，使之条理化、秩序化，以便更好地为烹饪实践服务。经常练习写生有助于提高我们的绘画能力，陶冶我们的情操，增强我们的审美意识、色彩意识、空间意识、整体意识，可以帮助我们解决实际工作中有关菜肴造型、摆拼艺术、点缀技巧、食品雕刻等方面的难题。一切艺术来源于生活，这就要求我们平时多观察身边的事物，多留心周围的自然现象，坚持练习写生。

写生时要注意选择合适的对象，不能见什么画什么。对描绘的对象要进行细致全面的观察和分析，进一步了解对象的形体特征，生长规律和比例结构等。在写生的过程中做到观察、认识和表现三者完美结合。例如，在进行花卉植物写生时，应了解写生对象是草本还是木本，是乔木还是灌木；花朵外形是球形还是圆锥形，开花的季节及生长规律等，掌握必要的花卉植物常识。然后，对描绘的对象进行细致全面的观察和比较，分析对象的特征、生长规律、比例、动态、结构等。要有整体的描绘，也需要局部细致的刻画，掌握好取舍的关系。

通过写生记录自然现象、人物社会，其目的是为图案设计收集素材、积累形象，再经过艺术加工，设计出实用美观，符合工艺制作条件的图案形象。写生要针对不同的物象，采用不同的方法，运用不同的技巧，在实践中很好地去运用，就一定能够取得理想的效果。

烹饪既具有美食特征，又具备一定的艺术形式，也可以说烹饪是一门艺术。而要实现这一目标，除了要求操作者要有娴熟的烹饪技艺外，还须具备一定的艺术修养，具有敏锐的艺术感受能力，较强的审美感知能力，而烹饪图案写生是实现这一目的的有效途径。

烹饪图案写生是利用美学知识，运用艺术手法对社会生活和自然景观进行色彩、造型等方面的纹样设计。写生是创作图案的基础，但不是机械地表面照抄、照搬、胡乱模仿，而应根据现代美学的形式原则来练习。

艺术来源于生活，艺术是以形象思维的方式表达艺术家对自然与社会的理解认识，任何艺术的产生都是艺术家运用文化符号表现他们对社会生活的理解和认识的过程。坚持长期的艺术写生，不仅可以提高我们的艺术修养和图案写作水平，还可以陶冶我们的情操，激发创作灵感，提高审美水平。所以对我们烹饪专业的学生来说，图案写生很重要。

图案写生的方法很多，经常运用的有以下几种：

1）线描写生

线描写生即单线勾勒，选择最适合的角度，用铅笔、针管笔或钢板等工具，以线条描绘对象的全部轮廓、结构和特征，犹如中国画中的白描。在写生时，根据结构的转折变化，用线讲究轻重、刚柔、顿挫、虚实、粗细等变化，力求用概括、简练的线条准确地表达对象（图2.1）。

（1）写生步骤

①观察感受、做到心中有数。

②对于初学者，可用长长的虚线勾出大的形体动态，如

图 2.1 线描

果熟练了，有把握了就可以不这么做了。

③塑造。从头部开始，控制好时间，长时间的可以深入一些，短时间的可以精简一些。

④调整画面的虚实关系。

（2）线描写生应该注意的问题

①需要对比例、透视、形体、结构有所了解、有所研究，在画的时候将他们视为一个整体，如形体在透视时是一个什么样子，比例通过透视又是什么状态，另外，要珍惜自己的第一印象，先别急于下笔，先观察形体，心中有数后再下笔，做到胸有成竹。

②抓住重心，找准动态线，动态有了，就能生动起来。

③品读优秀作品，寻找最适合自己的表现方式，进行临摹和描绘。

2）明暗写生

明暗写生这种方法基本上和铅笔素描一样，用铅笔画出对象的明暗空间、体积、结构等关系，以达到层次分明，具有体积感和空间感的艺术效果（图2.2）。

图 2.2　明暗素描

（1）明暗写生的步骤

①确立构图。首先要抓住物象的主要特征，充分认识物象的本质，分析物象的形体、结构、透视、比例、明暗等，为下一步提供准确生动的素材。再就是要确定物象在画面中的正确位置，物象与画面大小关系要处理恰当，一般说来，主要的物象要突出，静物素描的主体占画面的四分之一到三分之一。

②画出大的形体结构。用长直线画出物体的形体结构（物体看不见部分也要轻轻画出），要求物体的形状、比例、结构关系准确。再画出各个明暗层次（高光、亮部、中间色、暗部，投影以及明暗交接线）的形状位置。

③逐步深入塑造通过对形体明暗的描绘（从整体到局部，从大到小）逐步深入塑造对象的体积感。对主要的、关键性的细节要精心刻画。施加明暗一般从画面最深的颜色画起，有顺序地向明和暗部过渡，要对结构进行深入的分析，做细致的比较，按照整体到局部再到整体这一顺序反复进行，在刻画过程中要始终进行反复比较，明与明比较、明与暗比较，做到重点突出、主次分明，有较强的立体感、空间感。

④调整完成。深入刻画时难免忽视整体及局部间相互关系。这时要全面予以调整（主要指形体结构还包括色调、质感、空间、主次等），做到有所取舍、突出主体。调整应对照物象。从总的感觉出发，加以统一调整加工提高。首先要做到统一和谐、生动丰富，对整个的图案进行重新审查，做必要的取舍，使局部服从整体，使画面更加和谐生动。

（2）明暗写生注意问题

①应按照由简单到复杂，由肤浅到深入，由小到大循序渐进的原则进行。表现时，要充分利用物象的形体特征、结构比例、明暗虚实、大小远近等因素，使物象的外形特点与内在气质达到完美结合。

②写生时，应学会独立思考，博采众长，处理好局部与整体、现象与本质、主观与客观的矛盾，用辩证统一的方法解决实践中的问题。

③应注意课堂内与外、理论与实践、长期与短期的很好结合，通过不同的学习和临摹，逐渐掌握素描的手法。

④平时要兼收并蓄、古为今用、洋为中用，经常学习各种优秀艺术作品，提高自己的艺术修养。

3）影绘写生

影绘写生即阴影平涂写生时，着重于对象外部轮廓的描绘，一般使用毛笔，所描绘的形体犹如剪影效果。它的特点是概括力强，黑白分明，形象突出。

4）色彩写生

图2.3　色彩写生

色彩以水粉和水彩工具描绘自然界的人和物（图2.3）。色彩写生可采用单色、彩色、归纳色三种方法。

（1）色彩写生的步骤

①构思构图。构思动笔之前要进行认真的观察和分析，做到意在笔先。要对构图上的对比和均衡、物象的主次、色块之间的安排、画面总的色彩调子等进行分析。

构图起稿用铅笔或炭笔把物体的形体轮廓、比例、结构、透视变化等概括地画出来。起稿时只需勾出大的轮廓，不必拘于细节。

单色定稿根据画面的色调，用单色把物体的形体关系、大体明暗关系概括地画出来。常用的色彩有赭石、熟褐、群青等。单色定稿的作用是修改形体、加强明暗关系和底色。

②铺大体色块。根据第一印象和大的色彩关系用大的色块及关键的色块迅速地表现出来。初学者可以从暗部画起，然后到中间色最后到亮面。这种方法比较容易控制画面的阴暗关系和明暗层次。在画暗部时要尽量少用白色，用色要薄并且透明，同时要注意暗部的色相、冷暖对比以及与环境的联系。

③深入刻画。在深入分析的基础上画出物体的三大面五调子的色彩层次变化，主要表现物体的形体结构、质感、空间感。在此阶段用色要厚一些，注意环境色和物体本身颜色的调和，主要物体和前景应该画得色彩丰富，用笔要肯定，对比要强烈，形体要明确，最后画出物体的高光、反光以及最暗处的色彩，并要注意色彩的冷暖变化。

在此阶段中要注意整体感，深入刻画不等于把物体到处重新画一次，在第一遍着色时已经达到的色彩效果可以保持下来。塑造具有艺术性的艺术形象是本阶段的重要任务。

④画面调整。本阶段的重点是使画面的整体关系更加协调，动笔不在多，要多看多想。比如：妨碍色调统一的要改正，为了突出画面的主体就必须把陪衬物的色彩或塑造减弱，画面空间前中后层次是否拉开等。

画面的整体效果直接体现作画者水平的高低，就是说一幅画的成败还在于画面的调整阶段。

（2）色彩写生应注意的问题

①准确认知色彩的对比关系。

②整体地观察并感受总体印象、氛围、意念的想象等。

③分析构图、比例、透视、特征、前后空间、材料及语言的选择等。

④提高准确描绘对象形态色调的能力。

⑤准确严谨地对色调进行分析理解把握。

⑥通过对色彩的分析、理解，主动利用色彩冷暖因素来立体的认识空间和再现视觉对象。

⑦为了丰富图案变化的需要，可以选取描绘对象的局部加以剖析，详细地描绘对象局部结构特征。

思考与练习

图案写生与烹饪图案写生的关系是什么？

任务 2　烹饪图案写生的原理

绘画写生是以色彩、线条为媒介，在二维平面塑造艺术形象，反映社会生活，表现艺术家审美经验和思想感情的造型艺术。对于写生而言，先要掌会观察，即"视"，写生过程最重要的"视"就是透视。"透视"一词源于拉丁文"perspclre"（看透）。最初研究透视是采取通过一块透明的平面去看景物的方法，将所见景物准确描写在这块平面上，即成该景物的透视图，后来人们将其称为透视学。

透视是一种描绘视觉空间的科学。简单地说是把眼睛所见的景物，投影在眼前一个平面，在此平面上描绘景物的方法。透视作为一门学科内容非常复杂，我们只能简单地学习一些透视的基本方法（图2.4）。

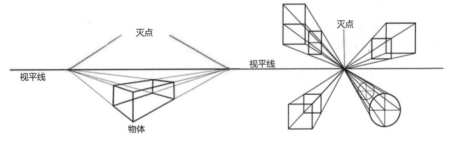

图 2.4　透视图例

2.2.1　透视的基本术语

透　视：通过一层透明的平面去研究后面物体的视觉科学。

透视图：将看到的或设想的物体、人物等，依照透视规律在某种媒介物上表现出来，所得到的图叫透视图。

视　点：人眼睛所在的地方，标识为 S。

视平线：与人眼等高的一条水平线标识为 HL。

视　线：视点与物体之间的假想连线。

视　角：视点与任意两条视线之间的夹角。

视　域：眼睛所能看到的空间范围。

视　锥：视点与无数条线组成的圆锥体。

中视线：视锥的中心轴，又称中视点。

站　点：观者所站的位置，又称停点，标识为 G。

视　距：视点到心点（画面的中心位置）的垂直距离。

距　点：将视距的长度反映在视平线上心点的左右两边所得的两个点。标识为 D。

余　点：在视平线上，除心点、距点外，其他的点统称余点，标识为 V。

天　点：视平线上方消失的点，标识为 T。

地　点：视平线下方消失的点，标识为 U。

灭　点：透视点的消失点。

测　点：用来测量成角物体透视深度的点，标识为 M。

画　面：画家或设计师用来变现物体的媒介面，一般垂直于地面平行于观者，标识为 PP。

基　面：景物的放置平面，一般指地面，标识为 GP。

画面线：画面与地面脱离后留在地面上的线，标识为 PL。

原　线：与画面平行的线。在透视图中保持原方向，无消失。

变　线：与画面不平行的线。在透视图中有消失。

视　高：从视平线到基面的垂直距离，标识为 H。

平面图：物体在平面上形成的痕迹，标识为 N。

迹　点：平面图引向基面的交点，标识为 TP。

影灭点：正面自然光照射，阴影向后的消失点，标识为 VS。

光灭点：影灭点向下垂直于触影面的点，标识为 VL。

顶　点：物体的顶端，标识为 BP。

影迹点：确定阴影长度的点，标识为 SP。

🧁 2.2.2　透视的基本方法

透视分为一点透视（又称平行透视）、两点透视（又称成角透视）及三点透视（又称倾斜透视）三类。

一点透视是立方体放在一个水平面上，前方的面（正面）的四边分别与画纸四边平行时，上部朝纵深的平行直线与眼睛的高度一致，消失成为一点，而正面则为正方形。

两点透视就是把立方体画到画面上，立方体的四个面相对于画面倾斜成一定角度时，往纵深平行的直线产生了两个消失点。这种情况下，与上下两个水平面相垂直的平行线也产生了长度的缩小，但是不带有消失点。

三点透视就是立方体相对于画面、其面及棱线都不平行时，面的边线可以延伸为三个消失点，用俯视或仰视等去看立方体就会形成三点透视。

任务3 烹饪图案写生的对象

烹饪图案写生的内容丰富多彩，各有千秋，充分展示了烹饪博大精深的艺术内涵。其内容有社会的、也有自然的，下面简单介绍一些图案写生的对象。

2.3.1 人物写生

烹饪图案写生的人物都有较显著的特点。要正确把握写生的绘画技巧。特别是通过刻画人的各种神态，表现各种人物特征。为此必须熟悉和掌握人体的结构、比例、形状，懂得解剖知识。描绘时可以通过动态、体态、服饰等特征表现出来，例如，男人健壮的身躯，外形近似倒三角形，女人的外形成菱形。丰腴的机体和柔软的体态，显示出一种青春的美感。在描绘时还要注意表情的刻画。用夸张的手法表达出人物的喜怒哀乐。人物的写生主要用线条进行描绘，表现人物形象时，一般优美的对象比较细小、光滑；而崇高的对象则比较巨大、粗糙。优美是一种静态的、

图 2.5　人物写生

和谐的美，崇高是一种动态的、冲突的美；崇高对象以竖式出现为多，优美对象以横式出现。下面我们以头像写生为例，了解人物写生的步骤与方法（图2.5）。

1）构思、构图

在作画前要养成观察对象的特征、酝酿自己情绪的习惯。根据对象的职业、年龄、气质、爱好等考虑该如何表现，最后欲达到怎样的效果，不要仓促作画。构图时注意人物位置是否合适以及人物前方的空间要大些。

2）抓轮廓

这点非常重要，要抓准，就要抓住头部基本形状、五官位置、明暗交界线的位置、头与肩的关系。要画准轮廓，就必须整体观察，整体比较，多运用辅助线帮助确定位置。在抓外形时要狠抓特征，才画得像。

在画准外形的基础上，五官位置也需狠下功夫。在画五官时要注意中轴线的运用，除绝对正面外，中轴线根据头的动态呈弧线。五官位置可以根据三庭五眼的规律，在共性中找出人与人之间的千差万别。

3）深入刻画

此时要好好审视一番，看看哪些部位最深、最强烈，就从这些地方着手，一般先从眉、眼、鼻、颧骨处开始，一下子即可抓住特征，画出大的关系，但是一定要避免抓住一点反反复复盯着画，使局部画得过分细而关系失调。先画什么、再画什么可根据对象特征来考虑，如角度有些偏，颧骨比较突出，有的剑眉浓重而富个性，有的眼睛炯炯有神，那就由此展开。

在深入中要始终保持整体关系。明白一幅画的好坏主要取决于画面的整体感、完整感，

如果只是将笔墨停留在五官上，以为是画龙点睛，而忽视其他方面，整个画面就不会好。在深入中首先着眼于整个画面的明暗对比。然后是暗的与暗的比，亮的与亮的比，抓住了大的关系，又注意了微妙的关系，整个画面就有主有次，可以有条不紊地进行深入。每深入一层，即从最明处开始，带动次明部。画眼注意整个眼轮匝肌周围的关系，画嘴考虑口轮匝肌的块面，画鼻注意鼻骨、鼻翼与脸颊的联系。同时，还要考虑这一局部在整个脸部中的比例关系。总之，在深入中时时考虑整体，主次各得其所。

4）调整

调整既是深入也是概括，使画面的总体效果更趋完整，要做减法，将琐碎的细节综合起来，加强大关系。避免公式化、概念化地将人物千篇一律地临摹，好像人物形象是一个模子里刻出来的，总是那么呆板、没有生气。人物要画得好，首先是形神兼备，注重人物内在性格和情绪的刻画。只要在平时的练习中，多留意眉眼等情绪变化的表现，在神情最为自然、生动的时刻来刻画，就能使画面有生气。

总之，要想获取精准的造型能力，还得多画才行，同时还要多看好的范画，提高鉴赏能力，进而不断提高绘画水平，实现自己的理想。

🧁 2.3.2　自然写生

1）风景写生

自然界中的各种事物，都有其独特的美。对风景的写生应有必要的取舍，要把握好线条粗细，分布疏密，景物的远近、大小、高低。例如，我国某些著名风景区分别表现出的"雄""险""奇""秀""幽"等独特的美，正是与该风景区独特的自然特征有关。泰山以雄伟著称，被誉为五岳之首，而构成雄伟的因素主要是：体积厚重、山行垒积、坡度陡峭，与周围平原形成鲜明的对比，写生时就应着力表现这些特征。黄山之奇，是由于其自然特征的变化无穷：七十二峰千姿百态、云海变幻莫测，还有奇松异石等。再如月亮，我们一般认为满月像个白玉盘，含有明亮、纯洁、圆满的含义。新月像个银钩，带有新生幼小、稚嫩的意味。其美区别于太阳之美、山川大海之美、青松翠柏之美、莽林大漠之美、竹菊梅兰之美……另外，风景写生还应掌握以下规律：

①早晨。在太阳未出之前，大地刚从黑暗中醒来，由于露水和雾气较重，整个对象显得较为偏冷、朦胧。太阳出来以后，景物的受光部分应是偏浅的玫瑰色、淡黄一类的暖色，背光部分应是相对偏紫、蓝绿一类的冷色。

②傍晚。夕阳西下，全部的山川河流被抹上一层金黄，景物的受光部分为淡的橘红、橘黄色，天空则常呈现出亮的黄紫灰、黄绿灰一类的补色，落日后，所有景物逐渐变成紫青色、蓝黑色，直至夜幕降临。

③晴天。在阳光的照射下，景物的形体和轮廓变得清楚、明确。光线越强，物体的反光越明显。早、中、晚的阳光是有差别的，阳光在上午 10 点左右与下午 4 点以后偏暖，中午呈亮白色，反光强烈；影子呈蓝紫色，色调主要倾向是黄白色或亮黄色。

④阴天。由于阴天没有阳光的照射，光源呈散射光，景物的受光面偏银灰、蓝灰一类的冷色，而背光与立面色度较重，多呈紫褐、褐绿、赭绿等一类暖色，反光不明显。

⑤雪景。地面、树林、山岭上的雪色彩特别亮，天空往往处于中间色阶，如有阳光时雪的受光亮而暖，投影由于受天光影响带一点蓝色，画雪时，尽量画出它的体积感和松软性。

⑥山。远山要画的概括、简练，近山要依据山的起伏，形态等特点画。画山时要注意符合自然规律，注意裁减和取舍。有阳光照射时，山一般是受光暖，背光冷。

⑦石。要注意表现体积的感觉，受光面呈现亮的冷色，背光呈现赭褐、紫褐等一类的暖色。

⑧树。树的色彩主要以普蓝、群青、橘黄、淡黄调出各异的绿。受光面以粉绿、紫罗兰、钴蓝、湖蓝与其他颜色调和后所组成。

⑨水。一般要表现静态水和动态水，可以依靠笔触的不同来区别。水往往受阳光的影响，波浪暗部色彩偏暖，上午或下午阳光侧射时，水面倾向较深的蓝紫色，中午偏蓝灰色。

⑩天。天空不要画得平涂一样，应该有变化，要表现出高深的空间感，有时上部颜色深、下部颜色浅，有时上部颜色浅、下部颜色深，不能平涂成一样，但差别不能太大。

⑪云。画云时要注意表现出云与天空的关系，云有厚、薄、大、小、虚、实之分。

⑫房屋。要注意房屋的比例结构和透视关系，以及整体的协调关系。

总之，在画景物时颜色尽量不要太单一，例如树是绿的，不要平涂成一样，树有受光和背光，受光面可能是黄绿，背光可能是绿里有蓝紫的深色，还有介于受光和背光的固有色，是树的本色，从这些再细分，树的枝杈，有的地方的叶子稀少、有的繁茂，色彩尽量在不脱离主色调绿的基础上丰富一些，比如粉绿、淡绿、黄绿、青色、土黄、翠绿、蓝紫色等。

最后，还有关键的一点就是事物的投影，就是影子，在一幅画面里是非常重要的，有时画面有些飘的感觉，加上深色的投影就可以增强画面的空间感和纵深感。

2）花卉写生

在植物中，花是最招人喜爱的，也是烹饪实际中应用较多的植物。花卉写生，一定要选择最美的对象。最能显现其特征的角度进行描绘。先画整枝，注意其外形、轮廓、基本型。画出它的姿态和花叶枝之间的穿插关系。然后多角度、多方面、多方向，再画一些特定细部特征，如盛开的花、半开的花、花蕾、花瓣、花萼、花托、花冠，叶片的叶尖、叶缘、叶基、叶脉、叶柄，叶与茎的结合关系等。还要注意取舍、提炼，能够充分表现出物象特征，把最生动、最美的部分显示出来。描绘时还可以通过提炼、变形、变色，对描绘对象进行单纯化、平面化的归纳处理，使物象具有装饰变化之美。例如，月季花，花冠大，花瓣重叠生长，边缘整齐，外瓣翻卷，层次丰富，以含苞待放时最美，颜色各异，常用果蔬原料做成雕刻点缀或用作冷盘拼摆。球形的菊花花瓣细碎繁多，一一勾画必显琐碎，只涂大色块，缺乏必要的细节又不像菊花，其关键是把握好整体与局部的统一。此画的方法是：先从整体关系入手，画出球体的基本体积，然后在大面的亮面上，加上一些花瓣突起后暗部长投影的小暗面；在大面的暗部画出若干受到光照的亮色花瓣。当然要注意区别各个细节的明暗虚实，可随着体积的转化改变用笔的方法，使小瓣的感觉似有若无，在重点地方仔细画一下结构变化，以实带虚、虚实相宜，各种点之间呼应起来，使画面丰富、充实、和谐、统一（图2.6）。

图2.6 花卉写生

3）动物写生

动物的种类很多，形态千变万化。写生时首先要掌握动物的生长规律、运动规律、分析和研究动物的组织结构、外部特征。如鸟兽的身体一般由头、颈、躯干、四肢和尾部几部分组成。不同鸟兽的形状，长短比例关系也不相同，其口、眼、鼻、耳、眉、蹄、毛也各具特征。兽类和鸟类的形态，伴随着它们的种类不同，其特点、性格和生活习性也不同，而呈现出的形态也有所不同。特别是兽类表现出的各种动态是与它的性格相一致的。什么样的动物性格必反映出什么样的形态：在观察、分析、研究动物的动态、形体和习性特征的同时，还得将这些特征加以突出和夸张，使其更为明显。例如，孔雀、凤凰之类的飞禽，应重点描绘夸张的羽毛。孔雀，头顶冠羽呈翠绿而端部蓝绿，翼上复羽均呈金属绿和蓝；尾上复羽特别长大，形成尾屏，呈金属绿色，缀以眼状斑，斑的中部涤蓝，四周铜褐；雌鸟无尾屏，羽色亦不华丽；孔雀造型常采用雕刻与拼摆相结合的手法。头、颈雕刻，尾屏、身羽拼摆。雄鹰，头顶和头侧均为黑色，上体余部包括两翼表面均暗灰褐色，尾与背同色而具有四条宽阔的黑褐色横斑，羽端近白；下体灰白，两肋均布以灰褐色横斑，眼金黄，嘴黑，脚橙黄色。苍鹰飞行急速，造型以眼、嘴为神态，宽展硕大两翼与锋利的双爪为动态，拼摆选用褐色原料为鹰羽主色，绿色原料作翠松相陪衬，构成一盘生动有趣的拼摆。如虎的写意画法，先以淡墨草稿勾出形态，赭石调藤黄画虎身，再以稍浓的墨画斑纹，自粉染嘴、前胸等，并以赭石第二次染身。描绘身毛后，以老虎的写意画法着浓墨画眼、耳并重勾斑纹，第二次染白粉及浓墨丝细毛，白粉画虎须，最后补景完成。画时大致全体同时进行。再例如丹顶鹤，又名仙鹤。全体几乎纯白色，头顶裸皮艳红，喉、颊和颈大部呈暗褐色，飞羽黑色，形长而向下弯曲。眼褐，嘴绿色，脚铅黑。鹤两翅膀硕大，飞翔力极强，在飞翔中姿态娴熟优美。仙鹤的双腿细长有力，常独足静立，体态沉静而安详。

总之，烹饪图案写生取材广泛，方法灵活，各有主次，应把握事物基本规律，运用现代美学的审美情趣和审美观点去写生。只有坚持不懈地练习，才能取得好的效果。

思考与练习

1. 图案写生应抓住哪些要点？
2. 创作一幅山水风景应抓住花草、树木、山石、鸟儿的哪些特征？

项目3

烹饪色彩

学习目标

◇ 理解课程中色彩的基础知识及色彩的情感和象征，能够掌握菜肴色调处理的一般法则。

学习重点

◇ 色彩的基本知识。

学习难点

◇ 菜肴色调的处理技巧。

建议课时

◇ 6课时。

任务 1 色彩的基本知识

　　色彩是光的一种表现形式，正是因为有了光，我们的眼睛才能看到周边的各种颜色，感知色彩的存在。如果你处在深夜的郊外，或是在一间没有任何灯光的封闭房间里，你就看不见周围的物体，更感觉不到身边色彩的存在，只是一片漆黑。这足以证明，是光的作用带来了人们对色彩的感知，没有光，色彩就不存在。

　　英国物理学家牛顿在一次实验中发现：当日光透过三棱镜后，折射出一条彩虹般的光带，其中含有红、橙、黄、绿、蓝、靛、紫等色，这条光带被称为"光谱"，这些个性鲜明的单色光，即被称为可见光。在单色光里，红色的波长最长，其他依次递减，紫色的波长最短。

　　由于光具有直射、折射及反射的物理现象，因而我们会感受到周围物体的不同颜色。

　　当不同的物体在光源照射下，就会产生不同的光分解现象，这时部分光被该物吸收，其余的被反射或折射出来，作用于我们的视觉，这就看到了色彩。在生活中，各种物体由于材料、性质不同，所以对于单色光吸收和反射的能量各有差异，正因为这样，我们所看到的物体色彩，才会丰富多彩。

3.1.1 色彩的三要素

　　色相、明度、纯度是色彩的三个基本要素，是区别和比较各种色彩的尺度和标准（图3.1）。

色相　　　　　　　　　明度表　　　　　　　　　　纯度表

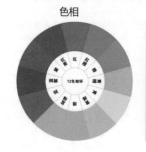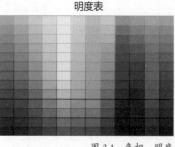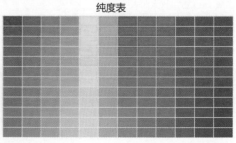

图 3.1　色相、明度、纯度

　　色相是指色彩的种类名称，反映不同色彩的"相貌"，即特征。在色彩构成中，红、橙、黄、绿、青、紫，这六种是标准色。介于这六种标准色之间的叫中间色，即红橙、黄橙、黄绿、青绿、青紫、红紫六种。六种标准色加上六种中间色，就是十二色相。

　　明度是指色彩的明暗程度，也称亮度。它有两层含义：一层意思是不同色相的明度各不相同，如光谱中的各种色彩的明度各不一样，其中以黄色明度最高，以紫色明度最低。另一层意思是同一色相，受光照射的强弱不同，反映的明度也不同，如同一种黄色，由于受光照射的角度强弱不同，就会产生正黄、淡黄、深黄的层次区别，这种层次的区别反映了明暗度。

纯度是指色彩的纯粹程度，标准色纯度最高。在标准色中加白色，纯度降低而明度提高；在标准色中加黑色，纯度降低而明度也降低。纯度越高，色彩越鲜艳。了解这一点，可以掌握色彩的鲜明度，有意调配出所需的各种亮色或灰暗的色调。

3.1.2　色彩的混合

色彩的混合，主要有加色混合、减色混合以及空间混合等。

1）加色混台

加色混合就是色光的混合。当两种不同的色光混合后，虽然色彩会有所变化，但其综合色光度提高且得到增强，参与混合的色光越多，总体色光就越强。当全部的光谱色混合后，就合成白光。在饭店的内部环境中，各种灯光的混合就属于加色混合。

2）减色混合

减色混合一般是指颜料的混合。当两种颜料经过混合后，色彩的明度就会降低，合色越多、越复杂，被吸收的色光越多，其混合色也就越灰暗。我们最常用的颜料是广告色，它属于水融性颜料，覆盖力较强，色彩饱满、浑厚，适合做色彩练习及绘制广告等。

3）中性混合

中性混合，就是受人的视觉生理机能局限而产生的色彩混合。混合后色彩的明度近似于各色的平均值。其典型的混合方式有两种：一是旋转混合，是将两种不同的颜色附着在同一圆上，通过快速旋转而产生新的混合色；二是空间混合，是由于距离达到定远时，我们的视觉会将两种或多种颜色感化为新的混合色。例如，远望秋天的山林总体是棕色，其实是由红叶、黄叶和绿叶经空间混和后而形成的综合色。

3.1.3　原色、间色和复色

1）原色

在日常生活中，绝大多数颜色都能用红、黄、蓝三种颜色调和出来。但是这三种颜色都

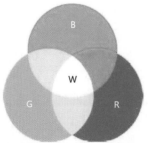

色彩的三原色：蓝、绿、红

图 3.2　原色

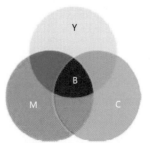

二次色：黄、紫红、蓝绿

图 3.3　间色

不能用其他颜色调和出来。因此，把这三种颜色称为三原色，或称为一次色（图3.2）。

2）间色

间色是由两种原色调配出来的颜色，或称为二次色（图3.3）。间色有三种，即橙由红黄调和而成，绿由黄青调和而成，紫由红青调和而成。

3）复色

复色是由两种间色调配出来的颜色，也称为三次色（图3.4）。主要复色有三种，即橙绿由橙和绿调和而成，橙紫由橙和紫调和而成，紫绿由紫和绿调和而成。由此得知，每一个复色都同时含有红、黄、青三种原色。如果不断改变两种原色在复色中的比例，就可以调和出更多的复色来。

4）补色

补色也叫对比色，指色相性质相反，明暗悬殊的颜色（图3.5）。如红与绿，黄与紫，青与橙等。色相的强烈对比，就能使某一种色调活泼些。例如，在调色时，要使某一种色稳定，就可以加进适量的补色。

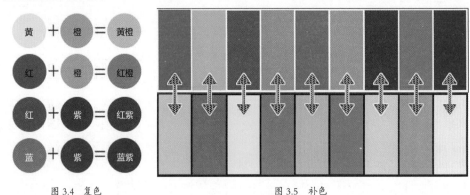

图3.4 复色　　　　　　　　　　　　　图3.5 补色

🧁 3.1.4 色彩的对比调和及搭配

色彩的对比与调和是相对的，学习色彩，为的是运用色彩语言在实际工作中展现色彩美，而掌握色彩对比与调和的内在关系，是认识色彩规律的重要基础，从而使我们更加合理地进行色彩搭配。

1）色彩的对比

色彩的对比，指的是两种或两种以上不同颜色的差异。色彩差异越大，则对比效果就越强。由于色彩是丰富多样的，因此色彩的对比广泛存在于色彩运用之中。

在一个色彩环境中，合理地编排色彩的主次关系，是色彩对比的关键。色彩对比的种类很多，概括起来主要有色相对比、明度对比、纯度对比以及面积对比等。

①色相对比。色相对比，就是不同颜色因色相的差异而形成的色彩对比关系。

②明度对比。明度对比，是因色彩明度高低差别而产生的色彩对比关系，不同的颜色，除了其自身色相的特征外，还有明度的不同。例如，我们看彩色电视时，既能看到色彩，又能看到明暗层次；而看黑白电视时，虽然没有色彩，但我们仍然可看到图像的明暗关系，这

种情况类似于同一色相里的明度变化。明度对比的亮、暗差别越悬殊，对比越强。

③纯度对比。纯度对比，就是因色彩饱和度差异而形成的色彩对比，由此比较出颜色的鲜与浊。在我们的眼睛可识别的众多颜色中，真正高纯度的颜色是非常有限的，绝大多数的颜色是复色，鲜艳的颜色在复色的衬托下，才显得更鲜艳。所以，纯度对比就是从鲜度上来把握色彩关系，合理地制订出色彩鲜浊序列。

④面积对比。面积对比，是指在各色彩环境中，各色域因占色量的大小不同产生差距，从而形成不同强弱关系的色彩对比。当两种不同的颜色组合时，它们的面积越接近于相等，其对比就越强。如果两者不但面积等同，而且是互为补色，这时的对比强度就达到最高。例如，红与绿是一对补色，本身对比就很强，如果等面积并置，对比就极为强烈。

综上所述，在菜肴制作中，色彩的对比起到非常重要的作用。例如，传统名菜松鼠鳜鱼，烹制完成后，色泽金黄，但如果就这样摆盘上桌，就会显得单调和死板，所以我们必须添加一些辅料来增加菜肴色彩上的对比。由于主料为暖色且厚重，因此我们可选择浅色、冷色的辅料来增加菜肴的色彩对比，可选用笋丁、青豌豆、香菇丁、虾仁等做配料，共同衬托主料，使整个菜肴色彩搭配适当、主次分明、鲜艳生动。

2）色彩的调和

色彩的调和，是指色彩的组合能充分符合人的视觉生理要求。即两种或两种以上的色彩组合时，有合理的色彩秩序，能够形成一定的色彩配置规律，相互之间的关系和谐、统一，从而产生美好、舒适的视觉效果。

色彩的调和不是孤立的，而是建立在一定的色彩对比基础上，可用于缓解过于强烈的色彩对比，使配色关系更加合理，色彩调和的主要手法有同一调和、类似调和、面积调和、补色调和以及间隔调和等。

①同一调和。同一调和，是指在两种或多种颜色中，都有着某一共同的色彩因素，因而产生色彩调和。例如，红色与蓝色对比较强，如果分别都调入一定的白色之后，就成了粉红和淡蓝，使对比因素减少，色彩趋于调和。

②类似调和。类似调和，就是一组色彩用为相近、相似的颜色而和谐。这是因为类似色彩本身就含有调和的因素，例如，红与橙红、蓝与绿都属于类似色。形成类似的原因有很多，或是在光谱上非常接近，或者是彼此间的明度接近等，因此，在色彩应用中，我们要善于寻找类似的因素，或是通过调整色彩的纯度，来达到类似调和的效果。

③补色调和。补色调和是在一对补色中，分别或一方调入对方的颜色，以减弱对比的强度，产生色彩的调和。因为，当一种颜料掺进对应的补色后，就能使其饱和度下降，使色彩对比减弱，从而产生和谐的色彩关系。例如，在黄颜料中掺入微量的紫，其纯度就立即降低，再与紫色并置时，就变得调和，不再有强烈的色彩对抗。在实际应用中，要把握良好的分寸，如果掺入补色过多，纯度降低过大，则会影响到色彩的美感。

④面积调和。面积调和，就是调整、改变配色的面积大小，以缓解色彩的对比，获得调和的视觉感受。运用面积调和的方法，就是加大面积的差异，不同色彩的面积悬殊越大，就越接近调和。例如，面积相同的橙色和蓝色并置，这种补色对比是极强的。如果我们设想一下：一块较大的蓝色台布中，零星点缀着几只橙色的小橘子，色彩既鲜艳又和谐，这就是运用了面积调和。

⑤点缀调和。点缀调和，就是在一些较大面积的色块内，适当放置一些对比色，以减弱色彩的对比，使色调更趋丰富与和谐。其作用可以有效地缓解色彩冲突，同时，还增加了色彩的层次感，使色彩更富于变化。例如，在绿叶中加上少量橙色的点，就产生出新的视觉感受。在应用中，要注意点缀恰当，适可而止，如果点得太多且分散，不但起不到点缀的效果，还会使色彩变得平淡。

⑥间隔调和。间隔调和，就是运用某一间隔色限制色彩，从而使过强的色彩对比趋于调和。间隔色的选择，通常是无彩色系的黑、白、灰，也可以根据具体的色彩关系，选择带有某一色彩倾向的复色，其作用与无彩色大致相当。在进行色彩调和时，一般采用间隔色对色块、图形做双勾边，如需加大调和力度，则可将线条增粗，或者直接以间隔色作为底色。

色彩的对比与调和看起来是一对矛盾，实际上两者却是相互联系、相互作用的一个有机整体。在色彩的编排中，我们运用不同的色彩进行组合，产生出多种多样的色彩对比。同时又不断地调整各种对比，使色彩符合整体和谐的要求。因此，我们只有合理地把握两者的契合规律，才能取得最佳的色彩视觉效果。

色彩设计的过程，就是色彩对比与调和统一的过程，如果色彩对比太强烈，对人的视觉刺激过大，是不会产生美感的，我们可运用一种或多种调和手法加以调整。但如果色彩都很接近，缺少必要的对比，就会显得非常平淡，看起来很单调，同样缺少美感。这就需要适当强调色彩冲突，通过合理的调整得到改观。

优美的色彩组合，是对比与调和的综合与平衡，是形成一种良好的色彩序列，即色彩主次关系明确，层次过渡自然，富有条理和节奏。这样，才能使色彩之间相互联系，相互映衬，获得和谐、舒适的视觉感受。

3）色彩的搭配

色彩的搭配，就是将两种或几种颜色进行有机组合，形成综合色彩的视觉效果。菜肴的配色一般是主料和辅料的搭配一般以辅料衬托主料。

例如，"珊瑚雪花鸡"这道菜（图3.6），鸡肉是牙黄色，胡萝卜是深红色，红黄相衬，十分雅致。另外，就是把同一种色用于不同明度，如深红、浅红、淡红配合在一起，也可获得调和的效果。例如"雪花片汤"这道菜，用的是鸡片、鱼片、笋片，虽然都是白色，可又不完全相同，配在一起，既能明显区别出三种不同原料，而且色彩素雅、给人以清新、爽洁之感。

再如"雪里藏蛟"这道菜（图3.7），以蛋清蒸熟为雪，黄鳝当作蛟龙藏入雪里，拢成一体，盆中皑皑白雪，伏卧着一条黑色蛟龙，强烈地抓住了食客的视线。

色彩对于美有特殊的重要性，因为物体之美首先要由视觉来接收，而视觉活动只有凭借

图3.6 珊瑚雪花鸡

图3.7 雪里藏蛟

光的作用才能进行。有形的物体总是有色的，色彩对于人的视觉可以产生多种效果。从生理的角度来看，可以产生温度、重力等感觉。例如，人们把红色、橙色称暖色，把青色称冷色。太阳和火给人以温暖，自然习惯养成了人们对红、橙、黄有温暖感。天空是淡蓝色，明度较高；大地是灰色，明度较低，人们自然就对色彩的明度产生重力感。明度越高，重力感越轻，反之就重。人们在对色彩的生理感受基础上，进一步引起心理的联想活动，色彩就有了感情意味。例如，红色是最鲜艳的色彩，富有热情、活泼、艳丽、强烈、兴奋、甜蜜和吉祥的感觉。绿色是森林的代表色，体现深远、青春、和平、安静、智慧，可以使人联想到春天、花草、树木，使人产生生机和活力之感。蓝色是天空和海洋的代表色，具有安静、永恒、悠久、恬淡、理想之感。如果过多使用深蓝色，容易引起忧郁沉闷和冷淡。橙色体现甘美、鲜亮、温情，人们会自然联想到丰收和成熟，但是过多使用容易使人产生烦躁，我们在下一任务中会着重学习这方面的内容。

[知识拓展]

色彩的搭配建议（图3.8）。

①红色配白色、黑色、蓝灰色、米色、灰色。

②粉红色配紫红、黑色、灰色、墨绿色、白色、米色、褐色、海军蓝。

③橘红色配白色、黑色、蓝色。

④黄色配紫色、蓝色、白色、咖啡色、黑色。

⑤咖啡色配米色、鹅黄、砖红、蓝绿色、黑色。

⑥绿色配白色、米色、黑色、暗紫色、灰褐色、灰棕色。

⑦墨绿色配粉红色、浅紫色、杏黄色、暗紫红色、蓝绿色。

⑧蓝色配白色、粉蓝色、酱红色、金色、银色、橄榄绿、橙色、黄色。

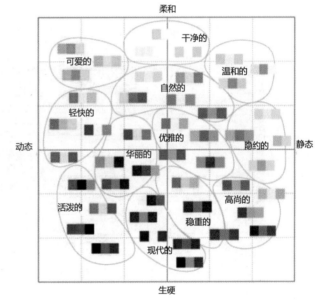

图 3.8　色彩搭配

⑨浅蓝色配白色、酱红色、浅灰、浅紫、灰蓝色、粉红色。

⑩紫色配浅粉色、灰蓝色、黄绿色、白色、紫红色、银灰色、黑色。

⑪紫红色配蓝色、粉红色、白色、黑色、紫色、墨绿色。

思考与练习

1. 举例说明对比色在生活中的运用。

2. 举例说明生活中你认为成功和不成功的色彩搭配案例，并说明原因。

任务 2　色彩的情感和象征意义

3.2.1　基本概念

　　色彩以它神奇的力量把大自然装点得多姿多彩，带给我们美的感受。我们无时无刻不在感受色彩的美妙，不置身于大自然五彩缤纷的色彩世界之中。人类发展的历史过程中始终伴随着一部色彩的历史，据史载，早在 15 万年以前的冰川时代，原始人就用矿物质粉碎石末与植物色涂抹于身上来保护和装饰自己，或以简单的色彩在岩石上作记录。这表明，原始人朦胧的审美意识开始萌发，而人类始终没有停止过对色彩美的追求。在文字、图形、色彩三大要素中，色彩是最能迅速传达信息和表情达意的，它能直接左右着人们的情绪，唤起人们的情感联想。色彩学研究表明：色彩不仅能引起人们在大小、轻重、冷暖、膨胀、收缩、前进、后退等方面的心理感觉，同时还能引起人们的心理情绪变化以及兴奋、欢快、宁静、典雅、朴素、豪华、苦涩等情感联想。色彩关系所产生的对比、节奏、韵律等形式因素，能使人感受到色彩特有的魅力，同时伴随着积极的情绪与情感，能唤起人们强烈的视觉与心理感受，如图 3.9 所示。

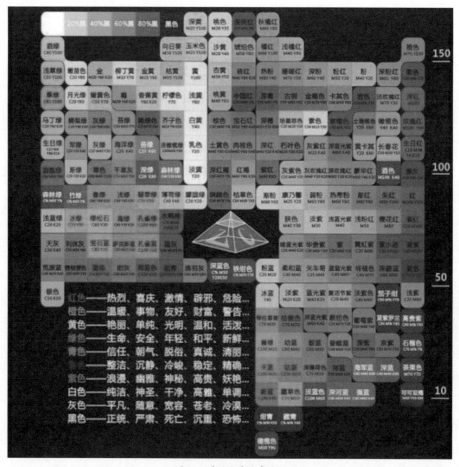

图 3.9　色彩与色彩表达

🧁 3.2.2 色彩的心理

1）色彩的冷、暖感

色彩本身并无冷暖的温度差别，是视觉色彩引起人们对冷、暖感觉的心理联想。

暖色：人们见到红、红橙、橙、黄橙、红紫等颜色后，就联想到太阳、火焰、热血等物象，产生温暖、热烈、危险等感觉，使人产生冲动情绪（图3.10）。

冷色：见到蓝、蓝紫、蓝绿等色后，则容易联想到太空、冰雪、海洋等物象，就会产生寒冷、理智、平静等感觉（图3.11）。

图 3.10　暖色

图 3.11　冷色

色彩的冷暖感觉，不仅表现在固定的色相上，而且在比较中还会显示其相对的倾向性。如同样表现天空的霞光，用玫红画朝霞那种清新而偏冷的色彩，感觉很恰当，而描绘晚霞则需要暖感强的大红了。但如与橙色对比，前面两色又都加强了寒感倾向。

人们往往用不同的词汇表述色彩的冷、暖感觉。

暖色：阳光、不透明、刺激的、稠密、深的、近的、重的、男性的、强硬的、干的、感情的、方角的、直线型、扩大、稳定、热烈、活泼、开放等。

冷色：阴影、透明、镇静的、稀薄的、淡的、远的、轻的、女性的、微弱的、湿的、理智的、圆滑、曲线型、缩小、流动、冷静、文雅、保守等。

中性色：绿色、黄绿、浅蓝、蓝绿等色，使人联想到草、树等植物，产生青春、生命、和平等感觉（图3.12）。紫、蓝紫等色使人联想到花卉、水晶等稀贵物品，故易产生高贵、神秘感感觉。至于黄色，一般被认为是暖色，因为它使人联想起阳光、光明等，但也有人视它为中性色，当然，同属黄色相，柠檬黄显然偏冷，而中黄则感觉偏暖。

图 3.12　中性色

在餐饮业中，常常运用色彩的冷、暖感调解环境氛围。冬季多使用暖色调，在视觉上为用餐者营造一个温暖的环境；夏季则可用冷色调布置环境，给人以凉爽感。

2）色彩的轻、重感

这主要与色彩的明度有关。明度高的色彩使人联想到蓝天、白云、彩霞及许多花卉还有棉花、羊毛等，产生轻柔、飘浮、上升、敏捷、灵活等感觉。明度低的色彩易使人联想到钢铁、大理石等物品，产生沉重、稳定、降落等感觉。例如，将500克银耳和等量的黑木耳相比较，由于银耳颜色浅，会显得轻；黑木耳颜色深，则看起来更重一些。在饮食服务行业中，浅色的工作装有轻的感觉，会给人带来亲切、随和之感，而稍深颜色的衣着则更具分量感，显出端庄、严谨的视觉感受。

3）色彩的软、硬感

其感觉主要也来自色彩的明度，但与纯度亦有一定的关系。明度越高感觉越软，明度越低则感觉越硬，但白色反而软感略低。明度高、纯度低的色彩有软感，中纯度的色也呈柔感，因为它们易使人联想起骆驼、狐狸、猫、狗等动物的皮毛，还有毛呢、绒织物等。高纯度和低纯度的色彩都呈硬感，如它们明度又低则硬感更明显。色相与色彩的软、硬感几乎无关。

4）色彩的前、后感

由各种不同波长的色彩在人眼视网膜上的成像有前后，红、橙等光波长的色在后面成像，感觉比较迫近，蓝、紫等光波短的色则在外侧成像，在同样距离内感觉就比较后退。实际上这是视错觉的一种现象，一般暖色、纯色、高明度色、强烈对比色、大面积色、集中色等有前进感觉；相反，冷色、浊色、低明度色、弱对比色、小面积色、分散色等有后退感觉。

5）色彩的大、小感

由于色彩有前后的感觉，因而暖色、高明度色等有扩大、膨胀感；冷色、低明度色等有显小、收缩感。

6）色彩的华丽、质朴感

色彩的三要素对华丽及质朴感都有影响，其中纯度关系最大。明度高、纯度高的色彩，丰富、强对比的色彩感觉华丽、辉煌；明度低、纯度低的色彩，单纯、弱对比的色彩感觉质朴、古雅。但无论何种色彩，如果带上光泽，都能获得华丽的效果。

🧁 3.2.3 色彩的心理象征

色彩是一种物理现象，它本身并不具备情感、性格，人们能感受到的色彩情感，是因为人们对生活经验积累的结果。我们要通过色彩传达感情，了解色彩性格的表现就显得非常的重要，色彩象征内容有共性也有差异。下面对几种主要色相的性格特征及象征意义作介绍。

1）红色

在可见光谱中，红色光波最长，属扩张的、前进的，暖色中的颜色，是三原色之一；是强有力、喜庆的色彩；具有刺激效果，容易使人产生冲动，是一种雄壮的精神体现，愤怒、热情、活力的颜色；同时，也易造成视觉疲劳，易引起人体血液循环加快，容易引人兴奋、紧张、激动。

2）黄色

黄色是最能发光的色彩，光明、辉煌、灿烂、神秘，但只要黄色的纯度一降低，则失去原来的光泽，给人以多疑、不信任的感觉。

3）蓝色

从有形空间的观点来看，蓝色总是消极的。蓝色总是冷色调，蓝色是收缩的、内向的色彩。

4）绿色

绿色是介于黄色与蓝色之间的中间色。绿色是植物王国的色彩，表现意义是丰饶、充实、宁静与希望，以及知识与信仰的融合渗透。

5）橙色

橙色是黄色和红色的混合色，处于最大辉煌度的焦点。发红的橙色能取得最大的温暖活跃的能量。

6）紫色

紫色是非知觉色，神秘、高贵，给人印象深刻。

综上所述，红色可以使人联想到火、血、太阳等，还可以抽象联想到热情、危险、火力等。橙色可以使人联想到灯光、柑橘、秋叶等，还可以抽象联想到温暖、欢乐等。黄色可以使人联想到光、柠檬、迎春花等，还可以抽象联想到光明、希望、快活等。所以红、橙、黄给人以兴奋感是活跃的色彩。蓝色可以使人联想到大海、天空、水等，还可以抽象联想到平静，是静态色彩。在纯灰对比中，纯色相对活跃，灰色相对安静。有的色彩给人以华美、高贵的感觉，如金色、银色等；有的色彩给人以朴素、雅致的感觉，如灰色、蓝色、绿色等。一般纯度高的色彩华丽，纯度低的色彩朴素，明亮的色彩华丽，灰暗的色彩朴素。

色彩的情感是非常丰富的抽象原理，它可以表现人与自然界的丰富情感与环境气氛。所以我们要发挥想象，利用微妙的色彩情感，恰如其分地完善设计。

3.2.4 色彩的味觉效应

色彩源于自然界，视觉感受也会影响味觉，食品的色彩、造型、体积在某种程度上会提高味觉的感受力，我们的大脑经过长期生活经验的积累，形成相关的联系能力。主要表现为：

甜味：红色、橙色能让人感到很甜；粉红色能感到稍淡些的甜味。

酸味：从柠檬黄、黄过渡到绿，这些颜色使人感到酸味。

咸味：白色、淡蓝色等能使人感到咸味。

辣味：红色、黄色等让人感到辣味。

苦味：褐色、绿色、黄色等使人感到苦味。

例如，在儿童味觉中，甜味、酸味可以联想到糖果、话梅等食物，所以最能引起他们的喜爱。因此，在儿童餐饮中，可以多用红色、淡黄、绿色等相应的味觉颜色，如盐水基围虾、樱桃肉、凉拌西红柿、水果沙拉等。

3.2.5 色彩的情绪效应

色彩本身是没有情感的，我们之所以能感受到色彩的情感，是因为长期生活在一个色彩环境中，积累了许多视觉经验，这些经验与某种色彩刺激呼应时，就会激发某种情绪。

1）色彩与情绪对应关系

色彩与情绪的对应关系如下：

红色→热烈、冲动；橙色→富足、快乐、幸福；黄色→骄傲；绿色→平和；蓝色→冷漠、平静、理智、冷酷；紫色→虔诚、孤独、忧郁、消极；黑色和白色→恐怖、绝望、悲哀、崇高；灰色→冷静。

2）色彩与性格对应关系

色彩与性格的对应关系如下：

红色是外向型的性格，其特点是刚烈、热情、大方、健忘、善于交际、不拘小节。

黄色是力量型的性格，其特点是习惯于领导别人，喜欢支配。

蓝色是有条理的性格，其特点个性稳重，不轻易作出判断。

绿色是适应型的性格，其特点是顺从、听话，愿意倾听别人的倾诉。

[知识拓展]

常见色彩的象征意义：

红　色：乐观、动力、活跃、兴奋、性感、热情、刺激、激进、强大、积极、危险

浅粉色：爱情、浪漫、温柔、微妙、甜蜜、友好、柔和、忠诚、怜悯

紫　色：灵性、王权、神秘、智慧、改革、独立、启迪、尊重、财富

褐　色：有益健康、现实、国家、欢迎、温暖、稳定、秋天、丰收

深红色：活力、优雅、富饶、文雅、领导力、成熟、奢侈

金黄色：欢庆、高兴、活力、乐观、幸福、理想主义、夏天、希望、阳光、豁达、青春

深灰蓝：尊严、信赖、力量、权威、保守、可信、传统、从容、自信、平静

淡紫色：魅力、怀旧、微妙、花、甜蜜、时尚

蓝　色：真实、康复、宁静、稳定、和平、协调、智慧、平静、信心、保护、安全、忠诚

紫红色：火热、世俗、激动、辉煌、有趣、积极、女性的

浅褐色（米色）：朴实、经典、中立、温暖、柔软、温和、忧郁

青　色：情绪恢复、愉快、富有、保护、独特、奢侈

绿　色：天然、羡慕、康复、肥沃、好运、希望、稳定、成功、慷慨

橙　色：野心、娱乐、快乐、积极、平衡、华丽、热情、狂热、慷慨、振奋、豪爽、有机的

黄绿色：刻薄、水果味、有些酸、嫉妒

橄榄绿：伪装、经典、冒险

棕　色：稳定、雄性、可靠、舒适、持久、简朴、友好

浅蓝色：和平、宁静、平静、凉爽、洁净、柔软、纯洁、理解

酸橙色：刻薄、水果味、有些酸、清爽、活泼、新生

中性灰：中性、团体、经典、经验丰富的、酷、永恒、安宁、品质

思考与练习

1.列举常见菜肴中的色彩对于食客心理的影响。

2.尝试做一些色彩搭配的练习。

任务3 菜肴色彩联想的一般规律

3.3.1 色彩的味觉联系及内涵

俗话说："观人先观面，看菜先看色"。中国烹饪讲究色、香、味、形、器、意六大要素，色彩首列第一，这是由于色彩属于视觉范畴，其先于质、味的出现，又最先映入食用者的眼帘。而色彩与饮食的关系建立在条件反射的基础上，良好的色彩搭配，自然触发对菜肴的联想，仿佛醇香之味溢于口鼻，故而食欲大增。因此可见，冷盘菜肴制作过程中，其原料色彩搭配得恰当与否，直接关系着宴席及菜肴品质的高低。

1）色彩的味觉联系及内涵

色彩引起的感觉，有冷暖感、重量感、距离感、运动感、胀缩感。味感是其中的一种色彩与味的联觉作用。在人们的生活经验积累中，很多食品的色彩与味觉联系起来。

（1）红色

红色的具象联想有：朝霞、红枣、山楂、火、西瓜、苹果、口红、血液等；抽象联想有：喜庆、热情、积极、振奋、危险等。

它们使人感到鲜明浓厚的香醇、甜美、有营养、够刺激的快感。在筵席上，如果摆上一碟红辣椒或是端上盘大龙虾，总能让人增加胃口，心情愉快。厨师、面点师也常常用红色的火腿、果酱等原料作食品的点缀，例如，用红色的辣椒丝点缀在翠绿的豇豆中；用红色的果酱装点在面包上。巧妙的用色，让人更觉得味美可口，赏心悦目。

（2）黄色

黄色的具象联想有：黄金、香蕉、柠檬、月亮、蛋糕等；抽象联想有：光明、辉煌、权力、希望、富有、明朗等。

在有彩色系中，黄色最亮、明度最高，偏暖的黄色能令人想到食品，如淡黄、中黄等。在烹饪原料中，花菜、土豆、蛋黄等都是黄色，在加工制作黄色的原料时，往往放些绿色的葱花，既可增添菜肴的香味，又丰富了色彩。

（3）绿色

绿色的具象联想有：春天、蔬菜、树木、草原、邮政、公园等；抽象联想有：自然、和平、青春、安全、轻松等。

绿色有助于消除疲劳、帮助消化。作为大自然众多植物的主体色，绿色展示出冷、暖感觉适中，展示出强大的生命力。它还能让人的眼睛感到舒适，因而受到人们的广泛喜爱，特别是在炎热的夏季，能给人带来凉爽，解除心中烦躁闷塞。错杂在暖色浓厚、油腻的菜肴中，给人以清爽、醒目、宁静的感觉。

"绿色食品"已成为健康食品的象征，随着人们生活水平的不断提高，更加注重食品的质量，要求纯天然、无污染。一杯绿茶在手，总令人心旷神怡；大多数的蔬菜瓜果也都是绿色的，特别是时令蔬菜，鲜嫩的黄瓜、蚕豆等刚上市，就立即成为餐桌上的宠儿。厨师们在烹制新鲜蔬菜时，往往非常讲究火候，为的就是保持其鲜嫩的口感和翠绿的色泽。

（4）橙色

橙色的具象联想有：橙子、柿子、胡萝卜等；抽象联想有：美味、成熟、艳丽、热闹、活跃等。

橙色因色彩鲜亮故经常作为点睛之笔。在习惯上，人们也常把橙色称为橘黄色或红色，它是果实成熟的象征，所以能给人以许多美好的联想。由于橙色和许多香味食品密切关联，所以被称为"芳香色"。

在色彩的组合中，橙色常显得过于"艳眼"，不易与其他颜色相调和，所以，在应用中要合理把握其明度、纯度和面积等关系，使色彩美观、和谐。例如，在冷盘设计中，用胡萝卜雕花就不宜过多，往往有一到两朵花，就恰到好处。

（5）蓝色

蓝色的具象联想有：天空、海洋、冰雪、游泳池、远山等；抽象联想有：宁静、寒冷、深远、沉思等。

由于天空和海洋是蓝色的，因此蓝色给人以广阔深远的感受。蓝色是冷色，显得凉爽、沉静，鲜明的蓝色还富有浪漫色彩。在生活中，自然界中蓝色的食品非常少见。尽管这样，人们对蓝色仍十分喜爱。例如，用对人体无害、可食用的色素加工一些糖果、冷饮等食品，丰富了食品的颜色。

（6）紫色

紫色的具象联想有：紫菜、葡萄、茄子、桑葚、紫罗兰等；抽象联想有：高贵、优雅、古典、神秘、忧愁等。

紫色有其独特的内涵和高雅的韵味，可表达出非常细腻、丰富的感情。天然的紫色食品营养丰富，且在色彩配置上，常显出其作用。例如，以西瓜、橙子等原料为主的果盘中，点缀一些紫色的葡萄，可增强色彩的对比，在视觉上，更具有色彩美感。

（7）白色

白色的具象联想有：米饭、面粉、雪、白云、护士、牛奶、豆浆等；抽象联想有：纯洁、神圣、清白、朴素、洁净等。

在无彩色系中，白色的明度最高。在人们心目中，白色有着一尘不染的美好内涵，也常令人想到天上的朵朵白云或是茫茫的雪原。新娘的洁白婚纱，象征着纯洁的爱情。在情感联想上，白色及其他无彩色，与有彩色的价值是等同的。

在食品中，豆腐、鱼、虾及贝类的肉质，都是白色的，这类食品往往蛋白质含量很高。因为白色与其他颜色很容易调和，所以，在制作菜肴时，白色的原料中可配上红、黄、绿、黑等各色原料。

（8）灰色

灰色的具象联想有：下雾、灰尘等；抽象联想有中立、平凡、质朴、柔和及迷茫等。

灰色是白与黑之间的过渡系列色，其中包含浅灰、中灰、深灰等，它虽然没有突出的个性，但容易与有彩色相调和，且因为灰色柔和、大方而含蓄，所以，仍然很受人喜爱。

（9）黑色

黑色的具象联想有：黑芝麻、黑豆、头发、墨汁、夜晚、煤炭、暗房等；抽象联想有：坚实、庄重、刚毅、厚重以及失望、恐怖等。

黑色是无彩色中的另一个极色，其明度最低。在色彩构成中，黑色的调和作用最强，能很好地衬托各种鲜艳的颜色。

自然食品中，有许多是黑色的，如香菇、黑芝麻、黑木耳等，黑色食品营养丰富，在菜肴配色中，也经常使用。例如，在制作"五彩鸡丝"时，因为有香菇这一黑色原料，整个菜肴的色彩才显得更加生动。

（10）金色

金色的具象联想有：日光、烤面包、烤鸭、黄金等；抽象联想有：光明、辉煌、财富、幸福、权力等。

金色属于金属色，具有偏黄的光泽，由于黄金是贵重金属，因此，人们将金色作为财富和幸福的象征。例如，人们佩戴黄金首饰，既美观大方又显得华贵；金色的餐具显得豪华、高档等。在色彩的设计中，金色通常用作点缀，起到锦上添花的作用。如果金色使用面积过大，用量过多，则失去其美感。

许多烤制食品，如烤红薯、烤鸭、烤全羊、烤乳猪等都呈金黄色，这些色彩虽然不同于金属的自然色，但显然都具有特殊的光泽感，令人感到香味四溢。

（11）银色

银色的具象联想有：月光、冰川、硬币等，抽象联想有：高雅、纯净、财富等。

银色也是金属色，其光泽偏白。与金色相比，银色的光亮相对含蓄、内敛，但仍显得优雅和有贵重感。在应用中，银色与金色大致相同，即装点、间隔色彩。

许多鱼类带有天然的银色，如带鱼、鳊鱼、刀鱼等，为了保持这美的光泽，可采用清蒸的烹制方法，如清蒸带鱼，其成品光泽依然、香气四溢、细嫩鲜美，加上些葱花、姜丝的点缀，色彩清纯高雅，巧然天成。

这些艳丽活泼的色彩使用在喜庆宴席上符合食用者兴奋、愉快的心理感觉，能更好地表现出筵席的吉祥氛围，圆满地发挥菜品色彩的表现功能。

🧁 3.3.2　知识拓展

国家和地区对色彩喜好介绍

每一个国家或地区，通常会有自己特别喜爱的色彩，也往往会对某些色彩禁忌，了解这些常识，有助于我们把工作做得更好。

①中国。对红色、金色等极为喜爱，是喜庆、富贵、吉祥的象征；对黑、白有所禁忌。

②印度。喜爱红、黄、金等色。

③日本。喜爱淡雅、柔和的色调，如蓝色、紫色、茶色等；忌绿色。

④伊拉克。绿色象征伊斯兰教，红色用于客运行业，国旗的橄榄绿避免在商业上运用。

⑤美国。比较关注商品包装的特定色彩。

⑥墨西哥。红、白、绿代表国家色，使用广泛。

⑦德国。喜爱一些鲜艳、明快的色彩，不喜欢深蓝色、茶色、黑色。

⑧荷兰。橙色、蓝色代表国家色，十分受人欢迎。

⑨法国。对色彩的爱好较平均，忌用墨绿色。

思考与练习

分小组进行主题筵席菜肴设计，并从菜肴色彩的角度阐述你选择这些菜肴的原因。

任务 4 菜肴色调处理的基本原则

3.4.1 菜肴色彩搭配的原则

自然界中的色彩不能完全生搬硬套地运用在烹饪上，在烹饪中，不同色彩的原料经过合理搭配，能使菜肴色彩艳丽、淡雅或色彩平和、清晰，达到刺激食欲、美化菜肴、悦人精神的效果，使饮食活动达到实用性与艺术性结合的双重效果（图 3.13）。

1）对比色的搭配

图 3.13 色彩搭配良好的食物

红色与绿色，黄色与紫色，蓝色与橙色等对比色彩搭配，能使菜品的成色达到明亮醒目，主题清晰，生动感人的效果，但这也是菜品色彩配置中一个难度较大的内容。搭配得恰当，能增添菜肴的味美香浓之感；如搭配不当，则会减损菜肴的品质，从而影响整个宴席的档次。由此可见，正确地处理对比色应按照色彩搭配的基本规律，应根据宴席主题思想，合理配置，灵活应用。

2）调和色的搭配

红色与黄色、黄色与橙色、蓝色与紫色等属于调和色的搭配。调和色的组合效果是统一协调、优美柔和、简朴素雅。但由于色彩之间具有更多的共同因素，所以对比较弱，容易产生同化作用。在面积相当的情况下，两色差别都较模糊，造成平淡单调，缺乏力量的弱点。

在过于调和的色彩组合中，以对比色作为点缀，形成局部小对比，这是增强色彩活力的有效办法；也可以用适当的色线勾出轮廓，以增加对比因素，加以补救。

3.4.2 菜肴的色彩处理方法

烹饪工艺中菜肴的色彩搭配，是涉及物理学、文学、美学及社会心理学等多类学科的一门综合性实用工艺美术。在实际操作中，我们应当本着以烹饪学科为中心的思想，发挥其他学科的指导作用，使制作出的菜肴能更好地体现色、香、味、形、器、意的完美结合。

1）菜肴色彩的来源

菜肴的颜色主要来源于三个方面：原料固有的颜色、加热形成的颜色、调料调配的颜色。

（1）原料固有的颜色

原料固有的颜色，即原料的本色（图 3.14）。菜肴原料中有很多带有比较鲜艳、纯正的色彩，在加工时需要予以保持或者通过调配使其更加鲜亮。如香肠、火腿、腊肉（瘦）、午餐肉、红萝卜、红辣椒、西红柿的红色；红菜苔、

图 3.14 色彩丰富的原料本色

红苋菜、紫茄子、紫豆角、紫菜、肝、肾、鸡（鸭）肫等的紫红色；绿叶蔬菜、青椒、蒜苔、蒜苗、四季豆、芦笋等的绿色；白萝卜、黄豆芽、莲藕、竹笋、银耳、鸡（鸭）脯肉、鱼白

肉等的白色；蛋黄、口蘑、韭黄、黄花菜等的黄色；香菇、海参、黑木耳、发菜、海带等的黑色或深褐色。

（2）加热形成的颜色

加热形成的色彩，即在烹制过程中，原料表面发生色变所呈现的一种新的色彩。加热引起原料色变的主要原因，是原料本身所含色素的变化及糖类、蛋白质等发生的焦糖化作用、羰氨反应等。很多原料在加热时都会变色，其中有些是菜肴本身变色所要求的，如鸡蛋清由透明变为不透明的白色，虾、蟹等由青色变为红色，油炸、烤制时原料表面呈现的金黄、褐红色等。另有一些则是烹制时需要防止的，如绿色蔬菜变成黄褐色，原料受高温作用过度形成黑色等。对于具体的菜肴，应根据其色彩要求，通过一定的火候或者火候与调色手段的配合，来控制原料的色变，该白的白、该黑的黑、该绿的绿、该红的红、该黄的黄、该褐的褐，不可随意更改。

（3）调料调配的色彩

调料调配色彩包括两个方面：一是用有色调料调配而成；二是利用调料在受热时的变化来产生。用有色调料直接调配菜肴色彩，在烹调中应用较为广泛（图3.15）。常见的有色调料有：酱油（可调配褐黄、褐红等色）、红醋（用于调配褐色）、酱品（用于调配褐红色）、糖色（用于调配较酱油鲜亮的红色）、蕃茄酱及红乳汁（用于调配鲜红色）、蛋黄（用于调配黄色）、蛋清（用于调配白色）、绿叶菜汁（用于调配绿色）、油脂（可增加菜肴光泽）等。调料与火候的配合也是调色的重要手段。如烤鸭时在鸭表皮上涂以饴糖，可形成鲜亮的枣红色，炸制的畜禽及鱼肉，码味时放入红醋，所形成的色彩会格外红润，这些都是利用了调料在加热时的变化或与原料成分的相互作用。

图3.15　色彩丰富的烹饪调料

2）菜肴色彩搭配的要求

人们长期以来形成的饮食习惯决定了菜肴色彩的两大特点：

其一，特别讲究菜肴原料的本来之色。

其二，特别讲究菜肴原料的热变之色。原料的本来之色，尤其是蔬菜原料，常代表着新鲜。原料的热变之色，如淡黄、金黄、褐红等，能很好地激起人的食欲。因此，对调色具有如下要求：

（1）尽量保护原料的鲜艳本色

蔬菜的鲜艳本色预示着原料新鲜，并且能很好地刺激人的食欲，调色时应尽可能予以保护。如绿色蔬菜，烹调时要特别注意火候，不要加盖焖煮，还要注意尽量不用能掩盖其绿色的深色调料和能改变其绿色的酸性调料。肉类原料的本来红色在烹调中有时也需保护，可以在加热前先用一定比例的硝酸盐或亚硝酸盐腌渍。

（2）注意辅助原料的不足之色

有些原料的本色作菜肴之色显得不够鲜艳，应加以辅助调色。较为典型的是香菇，烹调时加适量酱油来辅助，其深褐本色就会变得格外鲜艳夺目，否则菜肴色彩便不太理想。有些原料受热变化后的色彩时常也需要用相应的有色调料辅助，如往干烧、干煎大虾之类的菜肴中加入适量番茄酱，也可增色。

（3）注意掩盖原料的不良之色

有些原料制成菜肴后色彩不太美观，如畜肉受热形成的浅灰褐色，需要用一定的调制手段予以掩盖。上浆、挂糊表面刷蛋液，高温处理、加深色调料等均起着掩盖原料不良之色的作用。

（4）注意促进原料的热变之色

菜肴原料受高温作用，如炸、煎、烤等，表面发生褐变，可呈现出漂亮的色彩。要使原料的热褐变达到菜肴的色彩要求，除了严格控制火候之外，有时还要加一些适当的调料，以促进其热褐变的发生。例如烤制菜肴，常要在原料表面刷上一层饴糖、蜂蜜、蛋液等，炸制菜肴，有时需在原料码味时加入一些红醋、酱油等（酱油不可多放，否则色彩会过于深暗）。

（5）注意丰富各种菜肴的色彩

很多菜肴的调色不是单纯地考虑原料的本色，而是根据菜肴的色彩要求和色彩与食欲的关系，用有色调料来调配，以使菜肴的色彩变化更为丰富。同一种原料可以调配出多种不同的色调，如肉类菜肴就可以有洁白、淡黄、金黄、褐红等色，这是使菜肴色彩丰富的关键。

（6）注意色彩与香、味间的配合

菜肴的调色必须注意色彩与香气和味道的配合，因为色彩能使人们产生丰富的联想，从而与香气和味道发生一定的联系。一般来说，红色使人感到鲜甜甘美、浓香宜人，还有酸甜之感；黄色使人感到甜美、香酥，鲜淡的柠檬黄还给人以酸甜的印象；绿色使人感到滋味清淡，香气清新；褐色使人感到味感强烈、香气浓郁；白色使人感到滋味清淡而平和、香气清新而纯洁；黑色有熘苦之感（原料的天然色彩除外）；紫色能损害味感（原料的天然色彩除外）；蓝色一般给人以不香之感。黑、紫、蓝三色通常很难激起人的食欲。

（7）注意防止原料呈现变质的颜色

前面提到过，菜肴原料的鲜艳本色会让人感觉到原料特别新鲜，能很好地激起食欲。如果将绿色蔬菜调配成黄色，红色肉类调配成绿色，则会让人感觉到原料腐败变质，看在眼里没了食欲，吃在嘴里难以咽下。因此，调色时应避免形成原料的腐败变质之色。

3）菜肴色彩搭配的原理和方法

根据菜肴色彩搭配的原理和作用的不同，配色方法可分为保色法、变色法、兑色法和润色法四大类。

（1）保色法及其原理

保色，即保持原料本色。保色法就是用有关调料来保持原料本色和突出原料本色的色彩处理方法。此法多用于颜色纯正鲜亮的原料的色彩处理，主要用于绿色蔬菜和红色鲜肉类。

首先，我们来了解绿色蔬菜的保色知识。蔬菜的绿色由所含的叶绿素引起。叶绿素与类胡萝卜素等色素共存，在热和酸的共同作用下或者在热、光和氧气的作用下，叶绿素的绿色极易消褪，从而使类胡萝卜素的颜色显现出来，蔬菜由绿变黄，呈现出枯败之色。为了保护鲜艳的绿色，一般可采用加油或加少量碱的方法，利用火候控制保色，由于没有用到调料，在此不作讨论。加油保绿，是借助附着在蔬菜表面的油膜，隔绝空气中氧气与叶绿素的接触，达到防止其氧化变色的目的。不过，此法还不能阻止蔬菜组织中所含酸的作用，因此只能在一定的时间内有效，时间稍长仍会变色。加碱保绿，是利用叶绿素在碱性条件下水解，生成性质稳定、颜色亮绿的叶绿酸盐，来达到保持蔬菜绿色的目的。此法虽然可保持蔬菜的绿色，但是碱性条件下蔬菜所含的某些维生素损失较为严重，因此一般不提倡使用。

接着我们来学习一下红色鲜肉的保色知识。畜肉的瘦肉多呈红色，受热则呈现令人不愉快的灰褐色，有时在烹调时需要保持其本色。一般采用烹制前加一定比例的硝酸盐或亚硝酸盐腌渍的方法来达到保色的目的。肉类的红色主要来自于所含的肌红蛋白，也有少量血红蛋白的作用。加硝酸钠、亚硝酸钠等发色剂腌渍时，肌红蛋白（或血红蛋白）即转变成色彩红亮，加热不变色的亚硝基肌红蛋白（或亚硝基血红蛋白）。此类发色剂有一定毒性，使用时应严格控制用量。硝酸钠的最大使用量为 0.5g/kg，亚硝酸钠的最大使用量为 0.15g/kg。

（2）变色法及其原理

变色，即改变原料本色。变色法就是用有关调料改变原料本色，使之形成鲜亮色彩的调色方法。此法中所用的调料本来不具有所调配的色彩，而需要在烹制过程中经过一定的化学变化才能产生相应的颜色。此法多用于烤、炸等干热烹制的一些菜肴。按主要化学反应类型的不同，变色法有焦糖化法和羰氨反应法两种。

首先我们来看焦糖化法。此法是将糖类调料（如饴糖、蜂蜜、糖色、葡萄糖浆等）涂抹于菜肴原料表面，经高温处理产生鲜艳颜色的方法。糖类调料中所含的糖类物质在高温作用下主要发生焦糖化作用，生成焦糖色素，使制品表面产生褐红明亮的色彩。运用时对火候掌握至关重要，火候不足，颜色深度达不到要求；火候过了，颜色又会发黑，甚至味道变苦。北京烤鸭、脆皮鸡、烤乳猪等均是采用此法调色（图 3.16）。

变色法的第二种方法是羰氨反应法。此法是将食醋作为菜肴原料的腌渍料之一，或者将蛋液刷于菜肴原料表面，使其经高温处理产生鲜艳颜色的方法。食醋不仅可以除去动物性原料的腥膻异味，还能改变原料的酸碱性，使羰基化合物和氨基化合物易于发生羰氨反应，形成被称为黑色素的色素物质，使制品产生与焦糖化作用相似的红亮色彩。食醋常作为炸制动物性菜肴（不挂糊）的调色剂。蛋液中富含蛋白质，在高温下很易发生羰氨反应，有时作为烤制菜肴的调色剂使用。以上两种变化在调色中并不是绝对独立的，往往你中有我，我中有你，相互补充，只是在不同的调色法里有主次之分。需要说明的是，变色法是借助调料的作用增强菜肴色彩，不用调料，菜肴的色彩也能形成，不过颜色的鲜亮程度不太理想。有些原料不用调料在受热时就能形成鲜亮的色彩，如熟制虾、蟹的色彩，这不是调色的内容，所以不加讨论。

（3）兑色法及其原理

兑色，即勾兑菜肴的色彩。兑色法就是用有关调料，以一定浓度或一定比例调配出菜肴色彩的调色方法，多用于水烹制作菜肴的调色。常用的调料是一些有色调料，如酱油、红醋、糖色、蕃茄酱、红糟、酱、食用色素等。此法在菜肴调色中用途最广，操作时可以用一种调料，以浓度大小控制颜色深浅，也可以用数种调料以一定比例配合，调配出菜肴色彩。为了使菜肴原料很好地上色，

图 3.16　焦糖化法

可以在调色之前，先将菜肴原料过油或煸炒，以减少原料表层的含水量，增强对色素的吸附能力。兑色法的原理和绘画色彩的调配相似，不过，所调配的色彩远没有绘画那么复杂。

（4）润色法及原理

润色，即滋润菜肴光泽。润色法就是将油脂在菜肴原料表面薄薄裹上一层，使菜肴色彩油润光亮的调色方法。此法并不是用于调配菜肴的色调，而是用于改善菜肴的色彩亮度，以增加美观。几乎所有的菜肴调色都要用到它，其操作较为简单，有淋、拌、翻等手法。

上述四种调色方法是根据它们的原理和作用的不同来划分的，在实际操作中一般不是单独使用，而是两种或两种以上的方法配合使用，这样才能使菜肴达到应有的色彩要求。

[知识拓展]

菜肴颜色搭配的小秘诀

菜肴颜色的配合，其实是主、辅料色彩的配合。一般是通过辅料，衬托或突出主料，其形成的色彩，可以分为顺色、花色、异色。

1）顺色

顺色即主、辅料颜色相同或十分相近。比如"水晶田鸡"，田鸡肉剁成幼丁为白色，覆盖在上面的辅料是虾胶、蛋白、杏仁等，经过拌匀蒸熟后也是白色，此菜肴色彩洁白。

2）花色

花色是指辅料是多种与主料不同的颜色。多种不同颜色的辅料与主料的配搭，必须根据菜肴的特点，使配色的结果，形象生动，协调和谐，给人以美的感觉。如果只是花花绿绿，凌乱无章，只能给顾客带来厌烦感。比如"生菜龙虾"，盘底垫绿色生菜叶，再叠上红色的番茄片，龙虾头摆在盘的前端，龙虾尾置于末端，中间每片龙虾肉上，叠上形状一致的一片火腿与一层蛋白，使菜肴色调多彩，形象逼真，和谐协调，十分美观。

3）异色

异色是指主、辅料色彩相反。异色配合要十分讲究，因为它容易产生令人厌恶的色彩，尤其是动物原料。例如，在白色的田鸡肉上，盖上黑色的香菇，便容易使人联想到田鸡（水鸡）的状貌而恶心。

思考与练习

1. 菜肴色彩搭配的原则是什么？
2. 菜肴色彩搭配的四大方法及其原理是什么？
3. 菜肴色彩的来源有哪些？
4. 近年来，人们逐渐喜爱逢年过节去酒店吃团圆饭，作为饭店主厨的你，如何通过菜肴的色彩来表达喜庆、欢乐、吉祥的美好寓意？又应该选择哪些颜色的原料，表达哪些祝愿和寓意？

项目4

烹饪造型图案

学习目标

♦ 通过学习，了解烹饪图案的类别和图案的基本形式，基本掌握图案的平面构成和立体构成，熟练掌握各类美术字的基本书写规范。

学习重点

♦ 烹饪造型图案的平面、立体构成相关知识。

学习难点

♦ 烹饪图案绘制的方法和技巧。

建议课时

♦ 6课时。

任务 1　烹饪图案概述

4.1.1　图案的类别

图案是一种装饰性和实用性相结合的美术形式。图案在我国有着悠久的历史，许多年来我国劳动人民在艺术实践中，积累了丰富的经验，形成了自己的民族传统。例如，建筑美术、室内设计、家具、灯具、陶瓷、服装、衣料、橱窗、冷荤造型、商品包装、玩具和各种工艺美术等的装饰花纹和造型，无不表现出人们的思想意识和实用的意义。

图案有广义与狭义的两种解释。狭义是指装饰性纹样，例如花布上的花纹、手帕上的花边等。广义是指实用性与美观相结合的设计方案，或者说是实用美术、装饰美术、建筑美术、工业美术方面关于形式、色彩、结构的预先设计，在工艺、材料、用途、经济、美观条件制约下制成图样、装饰纹样等方案的统称。

图案设计，可以画出设计图，也可以不画设计图。凡是需要大规模生产的工业品，就必须画出设计图，如电视机、玻璃器皿等。而有些民间工艺品的设计则无须画设计图，如许多民间艺人都习惯于在脑中设计。

图案可分为平面图案与立体图案两类。平面图案如花布设计、广告设计等，立体图案如台灯、汽车的设计等。而展览会、庭院布置则是既包括平面图案又包括立体图案，因此又称为综合性图案。

平面图案由纹样、构成、色彩三个部分组成。立体图案由形态、装饰（纹样、构成）、色彩几个部分组成。但是，有些图案并不一定包括所有部分，如红色的地毯、白色瓷瓶都没有纹样。

图案的"形式美"是客观需要的，因此，学习图案基础需从造型、构图、色彩三方面下功夫，对于图案的群众化、民族化、装饰化等特点，需要深入学习研究。借鉴古人、借鉴国外，对于提高我们的图案创造水平也是十分必要的。

学习图案对烹饪专业的学生来说是非常重要的，不论是花色拼盘、面点制作，还是雕刻艺术都离不开图案的造型艺术，图案知识对烹饪造型的学习和提高有着直接的作用。

4.1.2　烹饪图案与写生

烹饪图案是指将美学知识融入烹饪中，依据菜肴本身的特性，按照美学法则对菜肴的色彩、造型进行设计，使之成为优美的装饰性纹样。同其他艺术造型一样，烹饪图案的创作必须从生活中收集素材，到自然中去寻找灵感，这就要求我们经常性地写生。写生是创作图案的基础，要想创作出高水平的图案来，就必须学好写生这一环节，并有目的、有重点地加强这方面训练。

写生就是对照实物描摹的一种绘画方法。其目的是熟悉对象、研究对象、记录对象，是为设计创作出较好的烹饪图案而收集素材。历史上许多伟大艺术家的独特创造，无不是从"师造化"中得来的，所以写生是艺术工作者面向生活、走向生活和学会表现生活的开始。

明代大画家石涛历游名山大川，以大自然为老师，提出"搜尽奇峰打草稿"的定性创作的至理名言。他在实践上画出了前无古人,后元来者的独特的山水杰作,推动当时画坛的革新,并深深影响着一代又一代各种艺术人才。

从古到今,艺术的创新与突破,都是艺术家从生活中积累素材汲取营养的结果。正如毛泽东同志提出的"生活是艺术家取之不尽,用之不竭的唯一源泉"。

长期坚持写生,不仅可以收集丰富的创作素材,提高写生技巧及方法,而且可以提高观察力、思维力、分析问题的综合力,更好地激发我们的创作灵感。

下面我们来学习一下写生的方法:

1)写生的方法

写生的方法多种多样,没有定局,但大体可分为两类。

(1)实写与取舍结合

初学图案的人,最好采用这种方法去写生。实写就是对照物象仔细刻画,它近似中国画中的工笔。取舍在这里含有两层意思:第一层"取",是指把事物美丽、健康的部分保留下来;第二层"舍",是指把有损美丽、不健康、杂乱无序的部分放弃。通过取舍结合,灵活运用,将使被写生的物象更加完美。

(2)速写、慢写和默写三者结合

在写生时,对不同物象可采用不同的写生方法。凡是运动着的人和物可抓住物象的动态特征,用简练的线条勾勒出物象动态,在其静态时可详细描绘。对一些运动较快的物象,如投篮球、跳高等只是一闪而过的动态,就必须依靠记忆来默写完成。所以在写生时灵活运用速写、慢写、默写,把三者有机地结合起来。

2)写生的要求

①抓典型动态与特点。如鸭的身体形状特点:回头、蛋身、颈细、嘴扁、腿短、脚有蹼。鸭子走起路来摇摇摆摆,很可爱。

②要选择健康的、美丽的物象进行写生,不要画一些怪异的、丑恶的东西。在烹饪图案上更是要讲究这一点,因为菜肴的感官性状决定了它的适用性的强弱。

③角度要适宜。在对物象写生时,多变几个位置,正所谓"横看成岭侧成峰",要根据需要选取最佳的角度。

3)写生的类别

(1)从类型上划分

写生从类型上分为三种方法:

①速写。速写是生活中常用的一种方法,就是快速成画。特点:用简练、灵活的线条表现形象的主要特征,可以不涂或少涂明暗。多选用2B~6B铅笔、炭棒来画速写。

速写的好处:速写速度快。可增加练习次数,增加观察和表现的机会,有利于提高学习效率,有利于培养从整体特征出发概括形象的能力;有利于强化形象记忆和默写能力,因为速写所表现的形象有动有静。速写过程往往是写生和默写相结合的过程。综合起来,速写不仅可以练习生活的造型能力,还可接近生活熟悉生活,是烹饪图案创作的基础和源泉。

②默写。默写也称记忆画,即来不及速写的东西,凭借记忆画出来,是写生与记忆相结合所成。

传统烹饪图案的写生方法主要强调默写、记忆，这种方法是提高我们对造型的概括能力和表现能力的有效途径，也是艺术创作者们用来搜集素材、进行一种创作的主要手段。

在唐代，有一位叫吴道子的大画家，一天画出了三百幅嘉江山水画。唐玄宗想看看他的写生素材和画稿时，他答道："素材和稿子都默记在找的心里啊！"这无不说明了默写的重要性。

默写的表现形式多种多样，我们不必拘泥于某一点，但最重要的是脑中有好的图形就要及时记录下来，不然时间长了就容易淡忘，失去当时感受。这是初学者值得注意的。

③慢写。慢写就是对各种物象进行认真细致的研究，分析物象的结构关系、透视关系、素描关系、色彩关系，找出物象的特征与规律，进行长时间的描绘。学习慢写，坚持长期写生练习，是学习烹饪艺术图案造型的有效手段之一。

（2）从表现手段划分

写生从表现手段来分可分为五种方法：

①线描法。线描类似中国画中的白描，它的基本特点就是通过线条来表现形态。一般不用浓墨，也不用重彩，这就要求我们多观察物象，进而提炼，以便取舍。用线条来描绘物体的轮廓，更要借线条的变化表达物象的质感和动态，用笔要能放能收，执笔要稳。

②素描法。素描是造型艺术的一种，属于绘画范畴，泛指单色画。素描是艺术创作的基础，是练习绘画基本功的手段之一，主要用来培养正确的观察方法和表现物象的体积感、空间感。

③淡彩法。是用硬笔进行素描写生，再用淡彩进行渲染，强调色彩与形态的一种写生方法。

④概括法。是用单色或水墨绘画出物象的外形，把物象原有的明暗层次，归结为黑、白、灰三个层次的方法。这种方法可以是彩色，也可以是无彩色，它用笔简练，是概括大关系、大效果的一种写生方法。

⑤影绘法。影绘法是用简练的概括手法描绘出物象的外轮廓线的特征，平涂后形成有形象的物体造型。此种方法运用简单，概括力强。

🧁 4.1.3 烹饪图案的设计原则

实用为主，审美为辅。因为受到食品保存时间的影响，菜肴的制作不能像其他的艺术品那样过于精细地雕刻，工艺造型再好的菜肴也要被人食用，所以它的工艺美是有限度的，注重体现对原材料的选择、造型的设计、艺术加工等方面，从而满足人们的美食感。

思考与练习

1. 图案的概念是什么？
2. 图案在生活中有哪些用途？
3. 尝试利用学到的写生知识，创作一幅图案。

任务2 烹饪图案的基本形式

烹饪图案的设计是一个变化的过程，是指把写生来的自然物象处理成烹饪图案形象，使之适用于烹饪工艺造型的图案纹样。现实生活中的自然形态，有些不适用于图案的要求，有些不符合烹饪工艺的条件，不能直接用于烹饪图案的造型。因此，烹饪图案需要经过选择、加工、提炼，才能适用于一定的烹饪原料制作。一般来说，烹饪图案有夸张、变形、简化、添加、联想。

4.2.1 夸 张

烹饪图案的夸张是用加强的手法突出物象的特征，是图案变化的重要手法。它能增加感染力，使被表现的物象更加典型化。

烹饪图案的夸张是为了更好地写形传神。夸张必须以现实生活为基础，不能任意加强什么或削弱什么。例如梅花的花瓣，应将其五瓣圆形组织成更有规律的花型，使其特征经过夸张后更为完美；月季花的特征是花瓣结构层层有规律的轮生，应加以组织、集中，强调其轮生的特点；牡丹花的花瓣，应将其曲折的特征加以夸张；向日葵的花蕊以及芙蓉花的花脉和其他卷状花瓣的特征，都是启发人们进行艺术夸张的依据。

又如夸张动物，孔雀的羽毛是美丽的，特别是雄孔雀的尾屏，紫褐色中镶嵌着翠蓝的斑点，显得光彩绚丽。刻画孔雀时，应夸张其大尾巴，头、颈、胸的形象可有意缩小些。在用原料造型时，应选择一些色彩鲜艳的原料来拼摆，局部也可用一些色素来点缀。金鱼的眼大、腰细、尾长，这是它们共同的特征，其颜色有红、橙、蓝、紫、黑和银白等。金鱼的形态变化较多，这一众多的变化在金鱼的名字上得到生动的体现，如"龙眼""虎头""丹凤""水泡眼""珍珠鳞"等。图案的夸张要抓住这些特征，有规律地突出局部。在造型拼摆时，要处理好鱼身与鱼尾的动态关系。拼摆鱼尾不宜过厚，盘底可用琼脂加上蓝色素或绿色素，处理成淡蓝色调或淡绿色调，效果会更佳，显得更逼真，色彩更明快和谐。松鼠的尾巴又长又大，大得接近它的身躯，然而那蓬松的大尾巴却很灵活。松鼠活泼，动作敏捷，其小巧的身躯和大的尾巴形成一种对比，造型时应强调这一对比。熊猫就没有那么灵敏，圆圆的身体，短短的四肢，缓慢的动作。特别是它在吃嫩竹或两两相戏的时候，使人觉得憨态可掬，造型也应强调这一特征。

当然，不论夸张哪一部分，整个形体的协调是不容忽视的。动物的漫步、快跑、疾驰和跳跃以及腾飞、游动等，都与它们的特征和夸张手法的运用联系着，不能孤立强调某一点。

图4.1为倾向夸张的图例。彩蝶用夸张手法后，有意识地将翅膀上的斑纹处理成简明、对

图4.1 倾向夸张的图例

称的纹样，便于在烹饪工艺造型中掌握其大致轮廓，有利于工艺加工。花朵的外形和花瓣经过夸张，加强了花朵的特征，使花朵形象更概括，花瓣更明显。

4.2.2 变 形

烹饪图案的变形手法是要抓住物象的特征，根据烹饪工艺加工的要求，按设计的意图做人为的扩大、缩小、加粗、变细等艺术处理，也可以用简单的点、线、面作概括性的变形处理。

在进行烹饪图案造型时，要注意以客观物象的特征为依据，不能只凭主观臆造或离开物象追求离奇。要根据不同的特征分别采用不同的方法进行变化，避免牵强造作。

由于变形的程度不同，变形有写实变形、写意变形之分。

1）写实变形

写实变形是以写生的物象为主，给予适当的剪裁、取舍、修饰，对物象中残缺不全的部分加以舍弃，对物象中完美的特征部分加以保留。按照生长结构、层次，在写实资料的基础上进行艺术加工，使它成为优美的图案纹样。如菊花的叶子曲折多，月季花的花瓣卷状多、层次多，变形处理时，要删繁就简，去其多余的不必详细描绘的部分，保留其特征明显的部分。

2）写意变形

写意变形不像写实变形那样，在写实的基础上加以调整修饰就可以了，而是必须把自然物象加以改造。它完全可以突破自然物象的束缚，充分发挥想象力，运用各种处理方法，给予大胆的加工，但又不失物象固有特征，将描绘的物象处理得更加精益求精，符合烹饪工艺造型的要求。在色彩处理上，也可以重新搭配，这种变化完全给人以新的感觉，使物象更加生动、活泼。

图 4.2 倾向变形的图例

变形是依附于情的，而情又是由主客观因素构成的。因此，变形因人而异，风格迥异。如鸟的变形，身体可以变成各种不同的几何形，如圆形、半圆形、橢圆形等；翅膀可像飘带，也可像被风吹动的树叶，还可以像发射的光线；尾巴可以变成各种植物形、几何形；身上的羽毛更可以随心所欲。大胆自如地添加变化，使得鸟的形象表现出超越自然、高于自然、更理想、更集中、更富有新奇感的艺术魅力。

图 4.2 为倾向变形的图例。以花卉的形体结构为基础，花卉变形后，花朵的形象更突出、更概括，花瓣简明，层次清楚，更富有装饰效果。

4.2.3 简 化

简化就是为了把形象刻画得更典型、更集中、更精美。通过简化，去掉烦琐的部分，使物象更单纯完整。如牡丹花、菊花等，都是丰满的花形，但它们的花瓣往往较多，全部如实地加以描绘，不但没有必要，而且也不适宜在实际原料中拼摆。简化处理时，可以把多而曲折的牡丹花瓣概括成若干个，繁多的菊花花瓣概括成若干瓣。如描绘松树，一簇簇的针叶呈一个个半圆形、扇形，正面看又呈圆形，苍老的树干似长着一身鱼鳞。抓住这些特征，便可以删繁就简地进行松树造型。为了避免单调和千篇一律，在不影响基本形状的原则下，应使其多样化，如将圆形的松针描绘成椭圆形，把圆形套接作同心圆处理，让松针分出层次。在烹饪工艺造型时还可依靠刀工技术来处理，并使松针有疏密、粗细、长短等变化。

图 4.3 为倾向简化的图例。凤凰、龙采用简化手法，删繁就简。对躯干、形体进行了概括和提炼，使其简化成几组有代表性的形体，从而使形象更典型集中、简洁明了、主题突出。

图 4.3　倾向简化的图例

🧁 4.2.4　添　加

添加不是抽象的结合，也不是对自然物象特征的歪曲，而是把不同情况下的形象组织结合在一起。综合其优美的特征，产生新意，富有艺术想象，但是要合乎情理，不生硬、不强加。

添加手法是将简化、夸张的形象，根据设计的要求，使其更丰富的一种表现手法。它是一种"先减后加"的手法，并不是回到原先的形态，而是对于原来物象进行加工、提炼，使之更美，更有变化，如传统纹样中的花中套叶、叶中套花等，就是采用了这种表现手法。

有些物象已经具备了很好的装饰因素，如动物中的老虎、长颈鹿等身上的斑点，有的呈点状，有的呈条纹状；梅花鹿身上的斑点，远看像散花朵朵；蝴蝶的翅膀，上面的花纹很有韵律。其他如鱼鳞片、叶的丝脉等，都可视为各自的装饰因素。

但是，也有一些物象，在它们身上找不出这样的装饰因素，或是装饰因素不够明显。为了避免物象的单调，可在突出主体特征的前提下，在物象轮廓之内适当添加一些纹饰。所添加的纹样，可以是自然界的具体物象，也可以是几何形的花纹，但对前者要注意附加物与主体在内容上的呼应，不能随意套用。也有在动物身上添加花草，或在其身上添加其他动物，如在肥胖滚圆的猪身上添加花卉，在猫身上添加蝴蝶等。

值得注意的是在烹饪工艺造型中，要因材而取，不能生硬拼凑，画蛇添足。

图 4.4 为两组图案倾向添加的图例。燕子、鹦鹉身上分别添加了丰富的纹样，使形象更富有趣味感，产生一种美的意境。

图 4.4　倾向添加的图例

🧁 4.2.5　联　想

联想是一种大胆巧妙的构思，在烹饪图案变化时，可以使物象更活泼生动。我们在烹饪工艺造型中，应充分利用原料本身的自然美（色泽美、质地美、形状美），加上精巧的刀工

图 4.5 倾向联想的图例

技术，融合于造型艺术的构思之中，用来表现对某种事物的赞颂与祝愿。如在祝寿筵席中常用万年青、桃、松、鹤以及寿、福等汉字加以组合，以增添筵席的气氛。

在某些场合下，我们还可把不同时间或不同空间的事物结合在一起，成为一个完整的图案。例如，把水上的荷花、荷叶、莲蓬和水下的藕，同时组合在一个画面上。又如把春、夏、秋、冬四季的花卉同时表现出来，打破时间和空间的局限。这种表现手法能给人们以完整和美满的感觉。

图 4.5 为联想的图例。凤凰的结构、姿态本身就是一个典型的联想图案。喜鹊和梅花、枇杷的相互组合，使形象和姿态更富有联想色彩，更能发挥想象力和创造力。这一手法是进行烹饪工艺造型的一个重要手法。

思考与练习

1. 图案的基本形式有哪些？
2. 烹饪图案夸张、变形的主要目的是什么？
3. 烹饪图案变形的方法有哪几种？
4. 根据写生稿，用夸张、变形手法设计两张平面图案。

任务 3　烹饪图案平面构成的种类

装饰图案的平面构成，取决于它的题材、内容和食品的形状、制作。它在实际应用中虽然千变万化，有着各不相同的组合形式，但从各部分的结构特点上看，又带有一定的程式性。装饰图案的构图基础，便是以其程式为重点，找出若干规律性的东西，作为入门之径。

一般来说，装饰图案的构成比较自由多样，不像绘画那样必须局限于特定的场合与角度。它可以突破时间、地点和透视、比例等关系，按照装饰的想象和烹饪工艺的需要作结构处理。特别是花卉的题材，既可以在同一枝干上开出各种花朵，也可以作有规律的缠绕和连续。而几何形图案更是变化无穷，由于它在内容上不表明某一具体的物象，因而在构成上运用对称、连续等方法也就最为灵活，成为装饰图案中别具一格的一种形式。

4.3.1　单独图案

在图案构成中，所谓"单独"图案，是相对于"连续"图案而言的。近似于工笔画的"折枝花"是单独图案，把花纹纳入圆形的"团花"和"皮球花"也是单独图案。前者在结构上比较自由，而后者则很严整，可以说这是单独图案构成的两大类，每一类又表现出不同的程式和特点。

1）自由形的构成

所谓自由形，也是相对于程式严整的图形而言的，其中又分对称式和平衡式。对称式的结构是均齐的，但因为不受外廓的限制，所以称为自由形；而平衡式打破了均齐的结构，就显得更活泼。

对称式构成可分左右对称、上下对称、三面对称、四面对称等，即在假定的中轴线（竖线、横线或十字线）上，分别配置正反形的单位纹。其排列的方法又有直立、辐射、回旋、多层等。

平衡式构成的特点是保持重点的稳定，使画面中的物象避免产生偏倾和歪倒的感觉。虚与实的照应也可以说是一种平衡。这种构成最为自由，也较活泼生动，但在处理上对于位置的把握难度也较大。

对称式和平衡式可以在同一构成中适当结合，但须以一者为主。如以对称式为主，应在"中轴线"上对花形作平衡处理；以平衡式为主，应适当安排相对应的因素，才可收到较好的效果，不能机械地理解和对待。同样，对称式和平衡式作为自由形的单独图案，固然是单独存在的，但若视为两种方法，也可运用于一种图案形式之中。如果将对称式或平衡式变成圆形的或方形的，也就不能称为"自由形"，而是"适合形"了。

还有一种带有绘画风格的图案，或者称为"装饰画"，它以表现人物和风景为主，但在艺术处理上又不同于一般绘画。我们可以概括为"平视构图"和"立视构图"。

所谓平视，即观察形象一律平看。把形象视为平面物，犹如影绘效果一般。平视构图的画面，就是把所描绘的装饰图案形象置于同一条基线上，其图案形象互不重叠，既不分层次，也不分前后，视点不集中，还可以上下左右并列展开。

平视构图，在我国古代和民间的艺术中表现很多，如古代的画像石和画像砖，民间的剪纸、皮影等，有不少都是平视处理。

为适应平视构图的特点，对于形象的要求就更加严格。在选择形象的角度时，不要求有透视感，以全正面或全侧面的角度比较适宜。因为是平看，要善于处理形象的外形轮廓，并要注意各种形象虽不能重叠，但又得使其巧妙穿插，使人感到完整而有节奏。

立视构图，是根据视线的移动进行构图的。它不受空间、时间以及焦点透视的局限，而是随着作者视线的移动，把所能见到的一切，巧妙地组合在一个画面里。如画山水，随着视线的上下移动，可以表现山下，也可描绘山顶；随着视线的前后移动，可以表现山前，也可以描绘山后；随着视线的左右移动，甚至长江万里风光、几千里河山均可在画面中一览无遗，整个画面的空间感和立体感也可表现出来。

立视构图结构往往比较复杂，在画面上反映的形象较多，层次穿插，千变万化。因此，要力求构图严谨完整，注意疏密虚实，形象清楚耐看，才能取得立视构图的应有效果。

2）适合形的构图

图案形象与一定的外形轮廓线相适合而成的构图称适合形构图，如适合于方形、圆形、三角形、矩形、菱形、半圆形、椭圆形等；或与规整的自然物、器物的外轮廓相适合的构图，如适合于桃形、蛋形、扇形、锭形、如意形、葫芦形等。它是以一个或几个完整的形象互相交错，恰到好处地安排在一个完整外形内。因此，这种适合构图必须重视构图和形象的完整性，布局要匀称。

适合构图，往往利用对称和平衡的形式作为它的基本结构。凡是对称或平衡的结构形式，能适合于一定的外形轮廓线，都能形成适合形的构图。

还有一种近似于适合形的构图，一般称为"填充图案"。它具有适合图案的外轮廓，但外轮廓内的形象并非完整的，而是由一种或几种不同的形象（局部）匀称地填满其外轮廓。严格的适合图案结构严谨，制作较难，但能充分显示装饰意境之美；填充式的适合图案较易奏效，但比之前者，总有不足之嫌，故一般多安排完整的中心形象，以使主体突出。

4.3.2 连续图案

连续图案的构图是以专门设计的"单位纹"按照一定的格式作有规则的排列。它可以分成两大类：一类为二方连续；另一类为四方连续。

二方连续的构图，一般称为"花边"或"边饰"，多用于糕点、瓜雕、瓜盅设计等。四方连续的构图，大都用于瓜雕纹的装饰等。

1）二方连续的构图

二方连续的构图是运用一个或几个装饰元素所组成的单位纹，进行上下或左右的反复连续排列（图4.6）。向左右方向连续的，叫横式二方连续；向上下方向连续的，叫纵式二方连续。

图 4.6　二方连续构图

二方连续构图有以下几种主要形式：

（1）散点式

散点式是以一个或几个装饰元素组成一个单位纹，以此进行连续排列。排列的形式有平列的、垂直的、水平的等（图4.7）。

图 4.7　散点式构图

（2）接圆式

接圆式是以圆形为骨架，进行同样大小圆的排列，或做大圆、小圆的排列，或做半圆的排列，或做圆和半圆的间隔排列等（图4.8）。

图 4.8　接圆式构图

（3）波纹式

波纹式是根据由纹线所作的区划面连接单位纹，或以波纹、双波纹相重，或以双波纹相交作为骨架，进行波浪式的连续排列（图 4.9）。

图 4.9　波浪式构图

（4）斜线式

斜线式是依据倾斜的区划面或区划线为骨架，连接单位纹，进行倾斜式的连续排列（图 4.10）。

图 4.10　斜线式构图

（5）结合式

结合式是将以上方法相互配合应用。以两种或两种以上的构图式相互结合，可产生多种多样的二方连续构图形式（图 4.11）。如散点式与接圆式相结合，波纹式与接圆式相结合等。

图 4.11　结合式构图

2）四方连续的构图

装饰图案的四方连续构图有多种形式。一般常见的有如下几种：

（1）条格连续

条格连续，是以各种不同大小的条纹和各种不同大小的方格进行组织排列而形成的四方连续构图。

条格的装饰图案可用规则的和不规则的几何形体组成，也可运用花卉或草叶以及其他自然形象组成，或者用几何形与花卉混合组合。

（2）点网连续

点网连续，是以点和网纹的形式进行组织排列而形成的四方连续构图，其纹样大多是以几何形体组成装饰图案。设计时，一般先画成小方格子或多角形的外形，然后在部分格子里填上有规律的装饰图案并进行连续，形成点网连续构图。

（3）散点式

散点式，是在方形或长方形的范围内等分数格，在每一格里，填置一个或多个图案花纹，组成一个单位。将单位平排连结为不同散点的四方连续。散点法的单位一般是散小花，即在花纹排列上不直接连在一起。如：

①一点排列法：一个散点平接法以设计小型花纹为宜，也可用大团花，但比较呆板单调，一般不常运用。

②二点排列法：两个散点平接法有各种不同的做法，也可同时加上各种附点。如两个散点加上两个附点，以平接法连续，或者两个散点加上一个附点，再作方向的变化，以平接法连续等。

③三点排列法：三个散点可采用平接法的斜阶形排列法，也可在空间适当加以附点。

④四点排列法：四个散点平接法和阶段排列法都可以。

⑤五点排列法：五个散点排列法是花布设计中经常应用的，因五个散点的排列既不单调，又不会杂乱。其排列方法有多种，加上附点的变化就更多。

⑥六点排列法：六个散点排列一般以采用平接的方法为好。因六个散点本身变化多，若1/2接，不易连接出好的连续效果。

（4）连缀法

连缀法基本上有四种：菱形连缀、阶梯连缀、波形连缀和转换方向的连缀。

①菱形连缀法：利用一个单位的装饰图案纹样，填入菱形进行连缀。纹样可以部分超出其菱形线，但连续后不可使纹样冲突。

②阶梯连缀法：利用一个单位的装饰图案纹样进行阶梯式的相错排列，形成四方连续构图。阶梯连缀法的排列，有相错1/2的，也有相错1/3或1/4的。

③波形连缀法：将一个单位的装饰图案外形画成圆形或者椭圆形进行交错的连续排列，或者以方形单位纹样统一向某一方向进行转换，而形成转换连缀式的四方连续装饰图案。

（5）重叠法

重叠法，即两种四方连续图形的重叠。在一种纹样上重叠另一种纹样，其中以一种纹样为"地纹"，另一种纹样是重叠在地纹上面的"浮纹"，地纹的排列，一般采用满地花形式或几何形。浮纹一般用散点排列。重叠法的构图以浮纹为主，地纹是衬托浮纹的。要注意主次分明，突出主花，避免花纹重叠时层次不清而陷于杂乱。

4.3.3 边饰图案

边饰图案，也称边框图案、轮廓图案。它虽可单独成类，但实际上带有混合的性质。

上述提及的二方连续图案，可说是边饰的一种，单独图案也可做成边饰。而许多边框又往往是单独图案和二方连续图案的结合。

1）边纹样

①线条形的边纹样：是利用直线、曲线、点线和线的粗细、长短、疏密等，做成边纹样，并适合于一定的外形轮廓线。

②连续形的边纹样：把一定的单位装饰纹样进行上下和左右的连续排列，做成边纹样，并适合于一定的外形轮廓线。

③对称形的边纹样：利用左右对称、上下对称或者四面对称做成边纹样，并适合于一定的外形轮廓线。

④平衡形的边纹样：在一定轮廓内，进行装饰图案的平衡处理，做成边纹样。

图 4.12　角纹样图案

2）角纹样

利用对称式或平衡式的装饰图案，在方形、长方形、多角形内进行四角、上二角、下二角、对角的适合配置，做成角纹样（图4.12）。

4.3.4 几何形图案

几何形图案是运用几何学点、线、面的变化而构成的一种图案，并应用于食品的装饰。

几何形图案起源很早，新石器时代的彩陶上就很巧妙地采用它来进行装饰。商代的铜器、春秋战国的漆器、玉器以及后来的工艺品上，有很多都使用几何形图案。几何形图案广泛应用于我国传统的建筑和雕刻上。

几何形图案主要以线为骨架，由线的排列和交织，可以构成多种多样的形式。线有直线、折线和曲线之分。

直线又可以分成垂直线（竖线）、水平线（横线）和倾斜线。三者可以分别运用线条本身的长短、粗细、疏密进行变化，形成各种不同的条形组织，也可以互相交织进行组合。

竖线与横线不同距离的垂直相交，形成各种大小不同的方形、长方形格子。斜线的组合基本上是竖线与横线的组合，只不过是把竖线和横线倾斜交叉而已。折线的变化可利用两线结合的不同角度和它的粗细、重叠、交叉等进行变化。以一定波度的曲线，或者以凸曲线、凹曲线、螺旋线等进行大小、重叠、相交、连续等变化，可以形成各种波浪形的几何图案。

直线、折线、曲线相互交织而组合成种种几何形的基本形，例如正方形、长方形、圆形、三角形、菱形、多边形、多角形等。

在基本形上作不同的变化，可以构成各种不同的装饰图案，成为几何形的单独图案，其变化方法主要有如下几种：

第一，以基本形为骨架，添加其他直线、折线或曲线，做各种变化。

第二，利用基本形的积累做各种变化。

第三，利用基本形的相互结合做各种变化。

以一个基本形为单位，进行上下或左右的连续排列，可以构成几何形的二方连续图案；进行上下和左右的连续排列，可以构成几何形的四方连续图案（图4.13）。

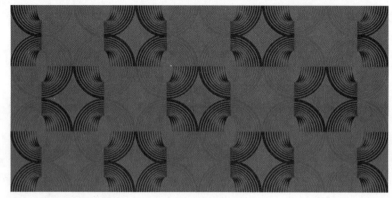

图 4.13　四方连续图案

思考与练习

1. 平面构成在烹饪造型中的作用如何？
2. 根据写生稿分别采用简化、添加手法设计两幅平面图案。

任务 4　烹饪图案立体构成的种类

立体构成源于西方20世纪初流行的"抽象绘画"，后影响到雕塑、建筑和工艺美术。随着现代科技的发展，立体构成的理论也日趋完美、系统。由于立体构成能适应人的审美需要，符合现代人的生活节奏，因而，和平面构成一起被认为是现代造型设计的基础。

学习立体构成首先要有明显的立体概念。立体和平面是不同的，它是具有长、宽、高三维空间的三次元设计，而平面式二维空间的二次元设计，它不能表现完整的立体形象，因为在平面上表现立体只能是人的一种幻觉，而立体设计所表现的却是看得见、摸得着的实在的立体形象。这就要求设计者头脑里要具有三维空间和上下、前后、左右六个方面的完整的立体形象。也就是说，你所设计的立体造型要满足人们从各个方向、不同角度的欣赏。

立体构成的原理是基于"任何形态都是可以分解的（分解到人的肉眼和感觉所能觉察到的形态限度）"这一认识。形态是由各种不同的要素所构成，这些形态要素就是点、线、面、体、空间、色彩、肌理。由此可见，形态要素本身不是表现具体形象的抽象形象。正由于它的抽象性，也就更具普遍性，对食物造型设计也有很大的帮助。

何谓立体构成呢？立体构成就是形态要素以一定的方法、法则构成各种立体形象。

🧁 4.4.1 立体构成的基本知识

研究烹饪图案的立体构成，要了解与之相关的基本知识。

1）形态的种类

（1）自然形态
自然形态即自然界客观存在的各种形态，如动物、植物、森林、草原、山水、蓝天、白云等。

（2）人造形态
人造形态即人们运用一定的工具、材料所制造出来的各种形态，如各种手工现代食品雕刻。

（3）偶发形态
偶发形态即人类在劳动、生活中偶然发生、发现的各种形态，如人对物体撕裂、摔、折、压等表现出来的各种形态。

在自然形态和偶发形态中并非所有形态都是美的。人造形态的创造是人类对自然形态和偶发形态美的形式的总结。

所谓形态，并不是一般的立体形象。由于立体构成属于美术的范畴，因而形态是要具有艺术感染力的立体形象。

立体构成既然是抽象的形态，那么抽象的形态又怎样才能具备艺术感染力呢？

2）抽象形态如何具备艺术感染力

具有艺术感染力的抽象形态在我国是不乏其例的，书法艺术就是抽象的形式美，它运用的结构虚实、疏密，笔画的动静、硬软和墨色的枯润等来体现。从构成的原理来看：书法就是以字的形态要素一点、线、色彩（墨色）等形式美的法则构成的。

我国古典园林中的建筑，如亭台楼阁、假山、漏窗、宝塔等形态之所以美，无一不是形态要素以一定的方法、法则所构成的抽象形式美的体现。

在立体构成中，抽象的形态可从下列各方面去表现艺术感染力。

（1）生命力
自然形态中很多是以其旺盛的生命力给人以美感的（当然也不是所有具有生命力的动、植物都给人以美感）。我们要从大量自然形态中去寻找表现生命力的源泉，如植物的发芽、出枝、含苞、怒放，黄山的雄伟，桂林山水的秀丽等。不是外形的简单模仿，而是吸取自然形态中一种扩张、伸展、向上、健康的精神状态，并加以创造运用。

（2）动感

凡是运动着的形态都能引人注意，也意味着发展、前进、均衡等美好的精神状态。由于食品造型形态本身是静止的，因此，要在静止状态中表现出动的感觉。表现动感可以吸取自然形态中动物、植物、人物的优美动态，通常依靠曲线以及形体在空间的转动来取得。

（3）量感

"量"原是物理学上的名词，量感指的是体量给人的心理感觉。体量能给人以健康、强壮、结实、秀丽，能抵抗外加压力的美的感觉，反之则会给人以衰弱、病态的感觉。此外除了实际体量感觉之外，尚有心理上的质感，即利用材质的粗、细，色彩的深、淡，光泽的暗、亮交替形成心理上的轻重、大小、强弱之感。材质粗、色彩深、光泽暗的形态感觉重、强，反之则感觉轻、弱。

（4）深入感

自然形态中有很多具有深入感的形式能引人入胜，如森林中树木的层次、山峰的重叠等。抽象的形态，包括形体、色彩、材质等，也能以层次表现出动人的深入感，以形的大小、色彩、材质的远近表现出空间感。

3）形态要素的表情

除了上述四个方面之外，形态要素的本身也可作为表现形式美的手段，即有一定的表情。特别是最富于表现力的线，在立体构成和食品造型中作用很大。

（1）点

点在空间中起表明位置的作用，相比较而言，较小的形态都称为点。只要有点，注意力就会集中在这个点上，有两个点则两点之中有线的感觉，两点有大小时注意力从大点移向小点。多点会有面的感觉，多点时点大小相同会表现出一个静止的面，多点时点大小不同会产生动的感觉。

（2）线

线的分类如图 4.14 所示。

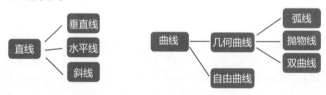

图 4.14　线的分类

线在空间中起贯穿空间的作用，线有长短、粗细和各种不同的形态，线的排列可构成面。不同的线具有不同的表情：

直线——一般使感到严格、坚硬、明快。粗直线有厚重、强壮之感，细直线有敏锐之感。不同的直线具有不同的表情。

垂直——表示上升、严肃、端正，有使人敬仰之感。

斜线——有不安定、动势、即将倾倒之感。

曲线——由于长度、粗细、形态的不同而给人的感觉不同，一般有温和、缓慢、丰满、柔软之感。

几何曲线——给人以理智、明快之感。

抛物线——有流动的速度之感。

双曲线——有对称和流动之感。

自由曲线——有奔放和丰富之感。

（3）面

面的分类如图 4.15 所示。

图 4.15　面的分类

面在空间中起分割空间的作用，切断立体可得到面，由于切的方法不同，可得到各种不同的面。面的表情主要依据面的边缘线呈现。

（4）体

面的排列堆积成体。体有占据空间的作用。体的表情除了依外轮廓线的表情而定之外，还常以体量来衡量，厚的体量有庄重、结实之感，薄的体量有轻盈之感。

（5）肌理

肌理即形态表面的组织构造。任何自然形态都有自己的肌理，在立体构成中可用折叠、凹陷、雕刻、镂空等手段表现肌理。不同的肌理有助于表达不同的表情。

（6）空间

形态的外围即是空间，各形态中的间隙也构成空间，此外在实体上穿孔、凹陷以及利用透明体和反光体都是表现空间的手段（透明体、反光体是制造心理上的空间感而并非实在的空间）。利用空间可使人感到轻巧，并可增强形态的丰富、深入感。

形态和空间的关系是矛盾的，形态增大，则空间减少；形态减少，则空间增大。当形态在空间转动后还会产生一系列不同的形态，如正方体平放时是静止庄重的，但转动后形态的表情则富有动势。

🧁 4.4.2　立体构成的方法

1）线的构成

线是以线材（细丝、粗条）为基本形态，用渐变、交叉、放射、重复等方法构成。

2）面的构成

面是以切片（薄片、厚片）为基本形态，用渐变、放射、层面排出等方法构成。

①渐变指一个基本形态的渐次变化，可看到一个变化的过程，有形状、大小、厚薄、高低、方向、曲直的渐变，还可同时出现两种渐变因素的二元渐变。

②放射基本形态向中心集中或由中心向外放射，也可以有两个中心。

③层面排出面按一定的次序排列，因面的形态不同而构成各种不同的立体形态，等于是对一个立体形态进行切片后排列在一起。

3）体的构成

体是以块材（方块、圆块）为基本形态，用切块和组合的方法构成。

①形体切块在六大基本几何形体上进行切割，这六个形体是正方体、长方体、方锥体、圆柱体、球体、圆锥体。切割方法有平面和曲面切割，由于切割的大小、角度不同而构成各种不同的形态。

②多体组合依据对比、调和、节奏、韵律、统一、变化等形式美的法则构成组合，先确定一个基本形态，然后以此基本形态的大小、高低、厚薄、方向和线型的协调来组合。

体的构成如图 4.16 所示。

图 4.16　体的构成

4）构成练习

为了加深对立体形态的认识，必须亲自动手做很多练习，一般用较厚的纸（白卡纸和绘图纸均可）和黏土、石膏、萝卜、土豆等原料。

①用纸（32 开）做成圆筒，运用不同的表现手法构成其不同的形态。

②用纸做多体组合和层面排出：先确定一个基本形态（假定是圆柱体），然后将圆柱体的高低、大小、厚薄和方向进行变化，再加上柱端、柱面和柱边的变化来构成各种不同的组合形态，还可做各种层面排出的形态。

③用土豆和萝卜依据花卉、动物、器物及人物形体特点做组合和切块练习。

切块时注意局部和整体之间线型的变化和协调以及体量上厚薄的变化。组合时，注意线型的协调和形体在空间转动后出现的变化。

🧁 4.4.3　立体构成的设计

由于现代人的生活节奏加快，食品造型设计趋向于简练，突出造型形态和原料色彩的美，因而立体构成的原理、方法也随之发展且日益系统、完善。不少现代食品强调形态本身的美，几乎就是立体构成的作品。现代造型都可用立体构成的原理去分析，在符合食品的功能要求和内部结构合理这一原则下，形态的造型都是以立体构成为基础。为设计出功能好、形态美的造型，必须做大量的、系统的立体构成习作，作为形态知识的储存。

这样在进行具体的设计时，脑中的立体形象就丰富，办法就多。因此，我们研究、学习立体构成的目的之一，就是培养对立体形象的丰富想象力，树立完整的立体概念和培养对立体形象的直觉能力（一种对立体形象直觉的鉴别能力），因为美的形态创造要靠设计者的艺术修养和对立体形象的直觉能力来判断。

由此可见，立体构成对食品造型设计是至关重要的。

思考与练习

举例说明立体构成在食品造型与食品雕刻中的应用。

任务5　烹饪图案与美术字的相关知识

美术字是经过装饰美化的文字形式，是图案的有机组成部分。它是从汉字印刷体中的仿宋体等字形发展而来，大体上可分成"宋体美术字"和"装饰体美术字"两种。

美术字，是将一般的字用图案方法加工、美化而成，所以又称图案字。它在糕点美术中使用广泛，可作点缀装饰，也可起宣传作用。由于美术字常给人以新鲜愉快的感觉，可以使被宣传的内容更鲜明、更突出，所以成为宣传糕点产品必不可少的工具。

掌握美术字的书写，并运用于瓜盅、瓜灯、糕点的制作，是为了食品造型和糕点产品的销售。同时，也是为了满足人们日益提高的对食品美的需求。

4.5.1　书写美术字的法则

图书报纸上的字体主要有宋体、仿宋体、黑体等。食品工艺中使用的美术字就是根据这些字体进行加工、变化而成的。要写好美术字，制作出好的烹饪图案，首先要了解书写美术字的基本法则。

1）横平竖直

字体的笔画横画要平，竖画要直，粗细要均匀，笔画要统一。不论手写体或仿宋体，在写横画时都可略向上方倾斜。

2）笔画统一

每种字体都有它特有的笔画特点，如宋体横细竖粗，而黑体则横竖一样粗细。因此，写一种字体时，须按照这种字体的笔画特点来写，才能达到统一美的要求。

3）上紧下松

书写汉字要求上紧下松。字的主体笔画多偏于上半部，这样视觉上才比较舒适、稳定，长形的字尤宜如此。

4）大小一致

书写美术字必须做到美观、完整、统一。

4.5.2　书写美术字的注意事项

为了充分发挥美术字在烹饪图案装饰和展示等方面的作用，在制作美术字时，除了正确运用上述法则外，还要注意：

1) 正确性

烹饪图案中的美术字是一种经过了艺术化的字体，但在字形结构上仍应根据现行汉字的规范要求，力求正确，使购买者一看便能认识。所以在制作糕点美术字时，不要过分变动字形或搬动笔画，致使顾客不易识别。在加工处理上，必须遵照字体的传统习惯。简化字要以国家公布的简化汉字为依据，不能生造。

2) 艺术性

烹饪工艺中美术字的特色就在于具有装饰美和艺术魅力，可以吸引消费者的注意，从而达到展示食品、刺激消费者的食欲、扩大销售、促进生产发展的目的。它的艺术性特点表现为单字美观活泼，既具有整体美，又适合一些食品造型、装饰的需要，字与食品装饰画面相适应，具有和谐的美。

3) 思想性

美术字本身没有思想性。但当美术字用于食品工艺美术中，经过加工，配制在一定的图案中，就反映出人们的思想感情。不同的美术字，在糕点美化装饰中，其应用对象和范围是不同的。基本要求是：必须用最简练、最概括、最准确、最生动的字形，集中地表达一项或几项事物，给食者以鲜明和强烈的印象。如果制作的美术字与糕点的造型、图案装饰所表示的思想内容不适应，就会降低食品图案的装饰效果，当然也就谈不上什么思想性了。

4.5.3 烹饪工艺美术中常用的几种字体

食品同人们的生活密切相关，如糕点上常常用文字直接表明某种含义，以便消费者选用，因而文字在糕点中的应用就越来越重要。就目前而言，食品工艺中常用的主要字体有印刷体和手写体以及由这两类字体演变而成的美术字体。

据历史记载，我国的文字始于象形文字，春秋战国时为"大篆"，至秦代变"大篆"为"小篆"，不久又将"小篆"简化为"隶书"，到了汉代，又把"隶书"写成"楷书"，以后又简写成"行书""草书"等字体，一直沿用至今。目前，食品工艺美术中的印模用字、果仁嵌字及直接用毛笔蘸色素书写用字等，大多属这类行书、草书类的手写体。

人们在日常生活中所接触的汉字，基本上也就是印刷体和手写体两类。随着科学文化的发展，生产社会化的需要，印刷体的使用比手写体多得多。书报上使用的各种印刷体与人们的日常工作、学习、文化、生活息息相关，印刷体自然成为食品工艺美术中常用的美术字体，被人们广泛接受，且能较好地达到装饰、美化、展示食品的目的。下面介绍烹饪美术中常用的几种印刷体的字形及写法。

1) 宋体字

（1）宋体美术字的特点

宋体字在我国印刷史上使用很早，直到现在各种报刊印刷品仍广泛采用这种字体。

宋体字之所以经久不衰，主要是因为它在我国文字史上具有重要的意义。宋体字美观大方，足以代表我国文化的特有风格。字形方正严肃，横细、竖粗，使横多竖少的汉字显得更挺拔，并且容易产生美观、舒适的感觉。

正由于宋体字具有以上优点，才被报纸杂志普遍采用。也正因为它是文化教育的主要用字之一，才成为了食品工艺美术中制作美术字的重要字体依据。食品工艺美术中采用这种字体，会产生一种大方、严肃、端正、肃穆的感觉，能恰当地传达出像"龙凤呈样""鹤寿万年""民族兴旺"等菜肴、面点造型图案中所包含的思想情感，充分显示出我国汉字的表现力。

（2）宋体美术字的形式

宋体字从其形式上分，有长宋体和扁宋体两种。它们都是由宋体字变化而来的，是"印刷体"或糕点美术用字中较为新型的一种字体。无论长宋体还是扁宋体的形态，都仍保持了宋体中的"横细、竖粗"的一贯精神，就其整体来说，不过是将宋体拉长或缩扁而已。因此，它们实质上是宋体字的一种美化形态，是变形后的宋体美术字，这种变形方法，对于烹饪工艺美术是极有用处的。因为食品的造型是千变万化的，烹饪图案中文字与其他纹样的配搭也是千变万化的。宋体美术字的自由变形，正好适应了这种变化，方便了烹饪图案的制作。

（3）宋体美术字的书写

宋体字的书写一般要用工具，写时可横笔细瘦，竖笔粗壮。其他笔画，如点、撇、捺、钩等则视其整体情况酌情变化，宽度大致与竖笔相等。其基本要求是排列上力求整齐、平衡，笔画须平直、准确、均匀（图4.17）。烹饪工艺美术中书写这种字体，基本上保存了汉字的原态和精髓，但为了避免印刷字的呆板、拘谨。制作时不可单纯地模仿，必须根据糕点工艺的需要，适当作局部改动，使之与糕点的形、质、量及表面装饰相符，力求表现得生动活泼。

中国烹饪工艺

图 4.17　宋体美术字

2）黑体字

（1）黑体字的特点

黑体字是一种比较新型的字体，它的笔画较其他印刷体要粗得多。黑体字用黑色印出，远看方黑一团，故又称方体字。其特点是笔画粗壮，厚实有力，具有雄壮的外形，易于表现热烈的气氛，在烹饪工艺美术中，常用在喜庆的图案中（图4.18）。

中国烹饪工艺

图 4.18　黑体美术字

黑体字适合用字较少或需引人注目的糕点图案，是烹饪工艺美术中常用来装饰食品和展示食品时的一种字体。

（2）黑体字的书写

书写黑体字时，横笔、竖笔一样粗壮。点、撇、捺、钩的粗细程度也要和横笔竖笔相适应，否则，会出现不平衡状态。也正由于它的字形粗壮，笔画多时，就不易组织，字形易流于臃肿。遇到这样的情况，要适当加工变化，使之粗细得体，以达到整体的美观大方。

因为黑体字的笔画粗壮，所以对一些笔画多的字要妥善安排。在无法用相同粗细的笔画书写时，对某些稍次的笔画可适当调整，而对另一些笔画较少的文字，要保持其与其他笔画多的字在形态上的平衡和统一。

此外，由于不少美术字的形态都是从这种黑体字里变化出来的，所以，多书写这种字体，对我们书写美术字时掌握字形的变化、处理个别难字等大有帮助。

3）楷体字

楷体字常用于糕点的印章、印模及部分裱花图案。

楷体字是用毛笔书写的正楷体。它在烹饪工艺美术中应用范围虽不及宋体、黑体、行书等字体广泛，但由于它书写方便、灵活，所以也是烹饪工艺美术中不可忽视的一种字体（图4.19）。

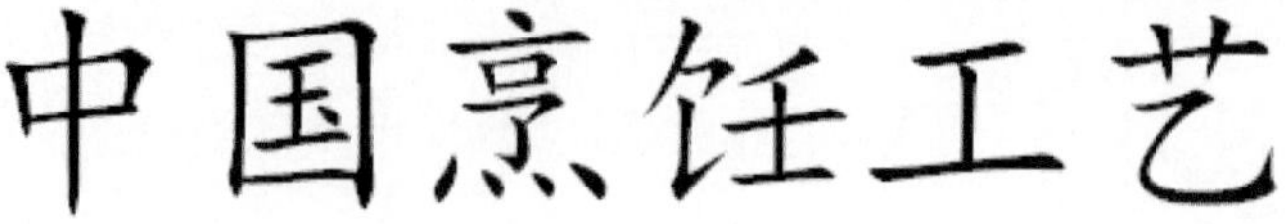

中国烹饪工艺

图 4.19　楷体美术字

楷体字的优点在于其书写要求不像宋体、黑体那么严格，比较灵活、自如，能自由变化，笔画生动有致，且富于活力。若书写得好，可给人以"铁画银钩""横扫千军"的感觉。当然，楷体字不如行书、草书活跃、自由，但比起其他字体仍然生动得多。另外，因其字形较娟秀，庄重气氛不够，故不宜用在端庄、肃穆的糕点图案中。根据楷体字的特点，我们在制作美术字时，要根据不同食品的需要，一方面使制成的美术字在神韵上保持楷体字原有的艺术风格和特有的形态；另一方面，在笔画上要稍加变化，以增强它的规范性，或适当加以装饰，使它不仅具有内在美，而且具有优美的外形，以达到装饰美化食品的目的。

另外，烹饪工艺美术中还常用行书、草书、篆书及变形英文、汉语拼音等字体来装饰美化食品，但由于它们多涉及书法艺术，且流派甚多，所以在使用这些字体时可因人、因物、因生产工艺的需要而异，采用相应的方法来美化糕点，形式可更加自由、灵活。它们各自的书写方法及特点等，另有专门著述介绍，这里不再赘述。

4.5.4　美术字的结构

要写好美术字，除了准备好工具，运用好工具外，更重要的是熟悉美术字的间架结构，掌握其特点，才能正确地去表现它。

1）主笔和副笔

美术字的笔画问题，是学习美术字结构的第一个重要问题。美术字的笔画有主笔和副笔之分。主笔主要指横和竖，在单字中占主要地位，像人体的骨架，没有它的支撑，人就站不起来。副笔是指点、撇、捺、钩等，犹如人体的血肉、器官，没有它，人体就不完整。可见，主笔和副笔虽有主次，但相辅相成、缺一不可。

对主笔的要求是横轻竖重，即横笔要轻、竖笔要重，不可轻重不分。主笔和副笔的变化应主要在副笔上调整，主笔只能作适当伸缩，否则会影响美术字的整体感和统一性。因此，副笔也就称为美术字装饰的主要对象了。

2）部首练习

主笔和副笔是对不同的笔画在每一个单字中的地位而言的。但就一个单字的组成来说，所有的字都是由部首组合而成的。所以,学习制作食品美术字,第一步就应当学习部首的制作,为写好美术字打下良好的基础。当然练习部首并不等于就能写好单字(一些部首即是单字的例外)。部首作为一个单字的组成部分时,它的间架结构(大、小、长、短等)必须服从整个单字的需要,该长的就延伸,该短的就收缩。部首中的笔画形态放在单字中不是一成不变的,而是变化不定的。因此,在练习部首时应充分注意到这一点,加强对部首各种形态的练习,为进一步学习制作美术字打下坚实的基础。

3)汉字的形体

(1)汉字的形体

美术字是一种艺术化了的汉字。要写好美术字,仅了解一些关于美术字的特点和要求的基础知识是不够的,还需要对汉字(主要是现代汉字)形体作进一步的了解,只有加深对汉字形体结构的认识,达到理性和感性、理论与实践两方面的结合,才能学好美术字的制作。

我国是世界上具有悠久历史的文明古国之一。我国最早的文字是从商朝的"甲骨文"开始,经过几千年的不断发展和演变,到今天汉字已经成为一种独特性的文字体系。它在形体和结构方面都有其自己的规律。这里主要介绍汉字笔画、结构、笔顺等基本知识。

所谓汉字的形体,就是指汉字的字形,它还包括笔画和结构两个方面。

汉字的笔画,和前面所讲的几种美术字的笔画一样,基本的有五种,这就是:点、横、竖、撇、捺。这五种基本笔画可以演化出其他一些笔画,共有20多种,任何一个汉字都逃不出这些基本笔画和变化笔画的范围。可见笔画是构成汉字最基本的部分,没有笔画也就没有汉字。美术字的笔画构成和汉字相似。

汉字的结构是指组字构件的组合方式,现代汉字一般有上下结构、上中下结构、左右结构、左中右结构、半包围结构、全包围结构和品字结构。

了解了汉字的笔画和结构,还要了解书写这些汉字的正确笔顺。正确的笔顺是千百年来使用汉字的人书写经验的总结,因而是约定俗成的。掌握正确的笔顺,按正确的笔顺写字,就可以把字写得更好一些、更快一些。一般人们把汉字正确的笔顺概括为这样几种:先上后下,先左后右,先横后竖,先撇后捺,先进入后封口,先中间后两边。

(2)单字结构中的比例

在制作美术字的时候要充分考虑前面所讲的汉字的这些特点,计算好各部分的比例,同时还要注意各部分的联系。这样,写出来的美术字才匀称、平稳和饱满。所谓比例问题,包括几个方面:首先,是整个单字的竖长和横阔之间的比例,其次,是组成单字的各部首间的比例;另外,周框型字的框内框外,也须有一定的比例,这些都要在下笔前有所考虑。当然按部首、结构来分割,也不是所有的字都适用。有的字有几个部首,就必须有大有小、有长有短。才不至于拘谨呆板。

一般来说,带有框的汉字,如国、圈等,这类字框内笔画较多,容易产生臃肿现象。为了避免这一现象,就必须掌握好框内外的比例。通常这种周框的外框边线不能顶字格,应向内收缩,否则,容易显得比周围的字大。又如"日、月、口、目"等字,当它们单独作字时,要将其高度、宽度有意延伸。否则会出现不协调的现象。繁字要收缩,不要使它膨胀;简字要调整,使它不因笔画少而孤单,书写时使它局部出格,延伸宽度和高度,以求得协调。总的原则是必须符合传统习惯和生产工艺的要求。

🧁 4.5.5　变形美术字的设计

变形美术字是在前面介绍的一般美术字的基础上，根据生产工艺的要求，进一步进行艺术加工而形成的一种生动活泼、富于变化的装饰美术字。它在一定程度上摆脱了一般美术字在字形和笔画上的约束，从美观的需要重新灵活地组织了字的形体，加强了文字表达的意义，因此，具有更强的艺术感染力。在装饰美术字的制作过程中，有自由发挥的一面，也有受条件制约的一面。如糕点造型中的变形美术字，一方面要受到产品质量、销售对象的制约，另一方面，又要受到圆、方、条、棱等造型影响。所以，在糕点美术中，将美术字进行变形处理，必须把美术字自由发挥的一面与受客观条件制约的一面妥善结合起来，才能取得良好的效果。

1）改变字形的原则

变形美术字虽较一般美术字自由，但也不是没有规则的。美术字的美就在于整齐、统一和完整，因此变化字形必须遵循在保持基本笔画不变的前提下，体现出自由中有集中，变化中有统一，以适应糕点图案的需要。

2）简化与变形

变形美术字主要是通过简化和变形两种手段形成的（图4.20）。简化就是让笔画过繁的变得简单，以求得与邻字相协调，也才能腾出空间来进行装饰。相反，要对过于简单的字作繁化处理。但不论简化或繁化，都应使人容易识别。

变形就是将单字的副笔进行艺术装饰，使它更美，更符合糕点装饰的需要，并具有象征文字的含义。如要表达热烈的气氛，可以通过大竖线的比例，再将原来的曲线作适当夸张、变形处理。在简化与变形中直线与曲线要使用得当，使两者相得益彰。

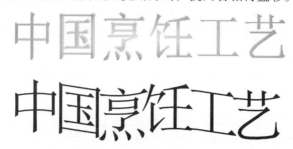

图 4.20　变形美术字

思考与练习

1. 文字在烹饪图案中的作用如何？
2. 美术字练习作业两幅。

项目5
烹饪图案形式美法则

学习目标

◇ 了解什么是形式美、形式美的构成要素；掌握形式美的基本法则、形式美的应用范围；熟练掌握多样与统一、对比与调和、节奏与韵律、对称与均衡、重复与渐次在烹饪实践中的作用；掌握点、线、面的形式规律，具有利用规律进行造型的能力。

学习重点

◇ 烹饪图案形式美法则的基本概念。

学习难点

◇ 烹饪图案形式美的运用和实践。

建议课时

◇ 6课时。

烹饪图案不仅要有生动优美的形象，还要有人们喜闻乐见的艺术形式，内容和形式的辩证统一是烹饪图案设计必须遵循的基本原则。烹饪图案中使用的形式美法则，是人类在创造美的形式、美的过程中对美的形式规律的经验总结和抽象概括，它主要包括变化与统一、对比与调和、节奏与韵律、对称与均衡、重复与渐次、比例与尺度、幻觉与错觉。掌握形式美的法则，能够使我们更自觉地运用形式美的法则表现美的内容，创作出美的形式与内容高度统一的烹饪图案。

现实生活中，由于人们的经济地位、文化素养、生活理想、价值观念的不同，会产生不同的审美追求。如果我们仅从形式条件来评价某一事物或某一造型艺术时，就会惊奇地发现，多数人对于美或丑的感觉存在着共识，这种共识是人类社会长期生产、生活实践中通过积累而形成的具有普遍意义的形式美法则。

形式美是指客观事物外观形式的美。广义地讲，形式美就是美的事物的外在形式所具有的相对独立的审美特性。因而，形式美表现为具体美的形式。狭义地说，形式美是指构成事物外形的物质材料的自然属性，如色、形、声及它们的组合规律，如整齐、比例、对称、均衡、反复、节奏、多样的统一等所呈现出来的审美特性，即具有审美价值的抽象形式。事物的外形因素及其组合关系，被人通过感官感知，给人以美感，引起人的想象和一定的情感活动时，这种形式就成为人的审美对象。人类在长期劳动实践活动和审美活动中，按美的规律塑造事物的外形，逐步发现了一些"美"的规律，如多样统一、整齐一律、平衡、对比、对称、比例、节奏、主宾、参差、和谐等。

形式美的构成首先依靠具有色、线、形、声等感性因素的物质材料。在各种不同的作品中，线条、色彩、声音以某种特殊的方式组成某种形式或形式间的关系，从而激起人们的审美情感。由于历史的积淀，不同的颜色、线型、形体和声音都代表着不同的寓意。例如，白色代表着纯洁、浪漫、潇洒、高贵和清爽；橙色表示兴奋、喜悦和华美；而蓝色则表示秀丽、清新和宁静。垂直线常常意味着严肃、端正；水平线则常与平稳相关；倾斜线代表着动态和不稳；曲线则意味着流动和优美。三角形意味着稳固和权威；正方形让人感到坚实、方正；圆形则传递出周密圆满的信息。优美动人的旋律使人感到愉悦和舒适；噪声不但会对人的生理功能造成影响，还会引起人的情绪波动，变得烦躁不安；而尖锐刺耳的噪音则意味着情况危险或紧急。正是依靠以上各种元素按照一定的规则进行排列组合，才最终形成了烹饪的形式美。

形式美是烹饪工艺美术的一个重要范畴，它是客观规律在烹饪艺术创作中的具体应用。但是，要说明怎样才算美是不能脱离具体事物的，因为形式美源自于客观世界。可以这样说，我们对形式美的研究，实际上就是对客观事物形式规律的美学研究。

应该指出的是，形式美和美的形式是两个不同的概念。美的形式是指表现了具体内容的具有形式美的形式。体现形式美的抽象形式是针对独立的审美对象，它体现的情致意味具有概括性和普遍性；美的形式不是独立的审美对象，总是与一定的社会生活内容相联系，它体现的意味、意义是一定的。

任务 1　变化与统一的法则

　　和谐为美，是一种极其古老的美学思想。中国古代的哲学家们认为，整个宇宙和人类社会，按其本性来说是和谐的，而最高意义上的美，就存在于这种和谐之中，即所谓"大乐与天地同和"。《春秋·国语》中记史伯的一段舌论，提出"和实生物，同则不继"的思想。所谓"和"，就是把相异的东西加到一起，虽然数量上有所增加，却不能产生新的东西。用尽了也就完了，即所谓"以同裨同，尽乃弃矣"。根据这种思想，他提出"和五味以调口""和六律以聪耳"以及"声一无听，物一无文，味一无果"的看法。这种朴素的看法包含有这样一个基本思想，即单纯的一，不称其为美，唯有多样的统一，才称其为美；美存在于事物的多样统一之中；这种多样性的统一，就叫做和。不仅如此，中国古代哲学家还看到"多样统一"中的"多"，并不是一种无规律的"杂多"，而是各种对立因素构成的有规律的"多"，包含有事物互相排斥的对立因素在运动过程中大致相对均衡、和谐的意思，所谓"相成""相济"，即相辅相成，配合适中，达到和谐统一。唯物辩证法也认为，矛盾普遍存在于自然界、人类社会和人类思维等领域，矛盾的多样性决定了事物的多样性。同时，世界上的事物又是普遍联系的，事物之间会通过某种特定的形式达到相互间的有机统一。变化与统一规律是对立统一规律在图案设计中的具体应用，是同一事物两个方面之间的对立统一，适用于所有的造型艺术，烹饪工艺美术也不能例外，它是构成图案形式美最基本的法则。

　　变化是由性质相异的图案因素并置在一起，造成显著对比的感觉。一般用省略与添加的手法，来打破图案的呆滞与单调，使主题突出，色彩明朗，造型活泼，富有生命气息。

　　变化是由烹饪图案造型中各个部分的差异性造成的。原料的多样性、形的多样性，绝不是单调的、杂乱无章的。整个图案要从变化中求得统一的效果，如明与暗、长与短、大与小、方与圆、近与远等，这些不同的、相异的、矛盾的东西，如果统一起来，就会产生奇异的效果。

　　统一是把性质相同或者相类似的图案因素并置在一起，形成一种一致的感觉。在烹饪图案设计中，纹样的内容和形式都要有一致性，以达到整体效果的完美无缺。在色彩的调配上，必须运用艺术的集中手法，统一在一定的烹饪图案组织之中，从而使各个变化的局部有中心、主次，整齐、规则地构成有机整体，使整个烹饪图案严肃、庄重，富有静态感。万花筒中又小又碎的彩色玻璃片，用三角反光镜片集中起来，就会形成万花争艳的美妙图案。

　　变化与统一法则，就是在对立中求调和，如烹饪构图上的主从、疏密、虚实、纵横、高低、繁简、聚散、开合等；形象的大小、长短、方圆、曲直、起伏、动静、向背、伸曲、正反等。如处理得当，整体就会获得和谐、饱满、丰富的效果；如果处理得不好，就会使人感到杂乱、零碎或单调、乏味。

　　变化与统一是对立的，又是相互依存的。其中变化是绝对的，统一是相对的。要在变化中求统一，在统一中求变化，整体统一，局部变化，局部变化服从整体，"变中求整""平中求奇"。烹饪图案总是具备变化和统一两个方面的因素，但体现在某一具体作品上，总是较多地倾向其中的一个方面。"赛鲍鱼"就是变化与统一的图例，以盘中的凸面原料为中心，与四周相对应的原料，形成变化和谐的统一（图5.1）。

图 5.1　赛鲍鱼

经过变化的形象，比起原型更加简洁、概括，更能突出它的特征，更富有艺术魅力，使之符合烹饪工艺的要求，符合人们的审美习惯。

[知识拓展]

烹饪图案形式美法则中变化与统一图例

烹饪图案形式美法则中的变化与统一图例，见图5.2至图5.4。

图5.2　鸡形的变化

图5.3　鱼形的变化

图5.4　花形的变化

思考与练习

1. 为什么说变化与统一是形式美法则中最重要的法则？
2. 设计一幅变化与统一的烹饪图案。

任务2　对比与调和的法则

对比与调和，实际也是一种统一。原始人类的装饰多喜欢用对比强烈的色彩，农村妇女们至今仍喜欢大红大绿或黑白分明，特别是我国少数民族在用色上更喜欢对比。对比是指物象的形、色、组织排列、描法、量、质地等方面的差异及由此形成的各种变化，可以取得醒目、突出、生动的效果。形的对比有大小、方圆、曲直、长短、粗细、凸凹等；质地对比有精细与粗糙、透明与不透明等；感觉对比有动与静、刚与柔、活泼与严肃等；方向的对比有上下、左右、前后、向背等；色彩的对比有冷暖、深浅、黑白等。

对比的作用，在于使两种不同的东西各显其美。如大小对比，以小衬大，显得大的更大，小的更小。如在乌黑的丝绒布上摆放晶亮的宝石，在麻布上刺绣丝光的花纹等，都是通过对比的方式反衬出双方的美感。

调和有广义和狭义之分。狭义的调和是指统一与类似。概括地讲，调和就是统一，其具体的表现是安定、严肃而缺少变化，如图案纹样的大小一样或类似；色彩相同或相近；制作技法的统一或类似等。广义的调和是指舒适、安定、完整等，如表现"梅影横窗瘦"或"夜半钟声到客船"之类的意境，把它置身于苏州园林中再好不过了，把它置身于绝壁千仞的环境中就欠妥当了。

对比与调和是矛盾的统一体，对比是变化的一种形式，调和是统一的体现，要注意把握好两者之间的关系，只注意调和会感到枯燥、沉闷；过于强调对比，又容易产生混乱、刺激的感觉。要做到在调和中求变化，在对比中求和谐。如中国戏曲中的开场锣鼓，敲打的震耳欲聋，喧闹之后，引起了观众注意了，这时，一声刚劲幽雅的琴声和清脆的鼓点，又把人们引入"万木无声待雨来"的境界，在千万双眼睛的期盼下，千娇百媚的唱腔才从演员口中迸发出来。只有这样，唱腔听起来才有韵味儿。这是对比的调和所引起的观众情绪的激动。"万绿丛中一点红"，是一个很好的配色例子。红与绿在色彩上呈补色的对比，"万绿"是指大面积的绿色，"一点红"是指一小点红色，这样的绿和红，由于面积上的绝对悬殊，决定了主色调是调和的，整幅画面中又有对比的因素，很好地体现了对比与调和的辩证关系。

思考与练习

举例说明什么是对比和调和。

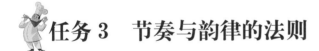

任务 3　节奏与韵律的法则

节奏和韵律原本都是音乐术语。节奏是指音乐中音响节拍轻重缓急有规律的变化和重复，韵律是在节奏的基础上赋予一定的情感色彩，是音乐内容和思想感情在节奏基础上的个性体现，前者侧重于运动过程中的形态变化，后者是神韵变化，给人以情趣和精神上的满足。

节奏和韵律是音乐的灵魂。当优美的旋律缓缓响起时，人们的心儿会随着音乐一起飞扬，心旷神怡，陶醉其中，这就是节奏和韵律的魅力。后来，韵律和节奏被广泛移植到有关的艺术门类，其意义也得到充分推广，成为形式美的重要法则之一。

节奏是自然界、生物界、人类社会中普遍存在的现象。日月出没、四季更迭、花开花落、生物枯荣、呼吸心跳、移步摆臀都是节奏现象，这是艺术节奏的源头。在烹饪工艺造型艺术中，节奏指某些美术元素有条理的反复、交替或排列，使人在视觉上感受到动态的连续性，形成一种律动形式。它主要通过线条、色彩、形体、方向等因素有规律地运动变化而引起人

图 5.5　编制草帽

图 5.6　瓜雕

图 5.7　龙凤呈祥果蔬雕

的心理感受，主要有等距离的连续，也有渐变、大小、明暗、长短、形状、高低等的排列构成。如向日葵的葵花籽产生的组织形式，草帽编织的纹理（图 5.5），烹饪原料经刀工处理后的花刀刀纹，都很富有节奏感。

　　烹饪工艺美术的韵律则是指，在节奏中所表现出的像诗歌一样抑扬顿挫的韵律变化，表现为运动形式的变化，它可以是渐进的、回旋的、放射的或均匀对称的。把石子投入水中，会出现许多由中心向外扩散的波纹，这种有规律的周期性变化，具有一定的韵律感。在餐厅装饰的放射韵律性的吊灯、形态各异的餐具以及室内饰品陈设，韵律和节奏更多表现在餐饮建筑和餐饮环境设计上。点的大与小、整与散，不同形式的排列能产生诗歌一样的韵律，运用线条的曲与直、粗与细、起与伏也能产生音乐的节奏感，而具有方与圆、长与短、高与矮、不同的形和不同的面，都可以形成视觉浏览中一个统一的整体。当大点与小点以聚或散的形式同时在一个面上出现时，大点有近的感觉，小点会给观者远距离的感受，"近大远小"所产生出一种空间之感，在这个空间中线的曲与直、粗与细的排列组合，使人感受到烹饪造型艺术所产生出抑扬顿挫的旋律变化。烹饪造型设计的韵律体现在线条的节奏之中。和音乐的旋律相似，它是一定的内容和思想感情在节奏中的表现，通过点、线、面的聚散起伏、转换更替、交错重叠等来引导观者的视线有起伏、有节奏地移动，同时产生种种寓意和联想，从而体现一定的内容和思想感情，给观者以赏心悦目的优美享受，烹饪造型的韵律是一组形象反映其点、线、面诸要素的完美组合，它经常体现出作者的主观意向，瓜雕图案和蛋糕裱花表现得最为明显（图 5.6）。

　　节奏与韵律，两者之间有非常密切的内在联系。节奏是韵律形式的纯化，韵律是节奏形式的深化。节奏富于理性，而韵律则富于感性。韵律不是简单的重复，它是有一定变化的互相交替，是情调在节奏中的融合，能在整体中产生不寻常的美感。

　　节奏与韵律法则在烹饪图案的线条、纹样和色彩的处理上体现的较为明显。由于线条、纹样、色彩处理得生动和谐，浓淡适宜，通过视线会在时间、空间上的运动得到均匀、有规律的变化感觉。烹饪造型设计中的节奏美感，是点、线、面之间连续性、运动性、高低转换形式中的呈现，而韵律美则是一种有规律的变化，在内容上注入了思想感情色彩，使节奏美的艺术深化。因此，节奏与韵律是相辅相成，不可分割的两个部分。

　　节奏与韵律在烹饪造型艺术上的应用，不是人们凭空想象出来的，而是客观事物在人们脑中的反映。在自然界中，春播秋收、花开花落、四季更替、心跳呼吸等，这些呈现在人们面前的物质运动是宇宙间普遍存在的，节奏与韵律的美感形式每时每刻都在丰富着人们的情感体验。它在音乐、舞蹈、绘画、雕塑及各个艺术领域中，成为共同的形式规律。壮阔的大海波涛，美丽的湖泊微风荡漾，奔跑在辽阔草原上的骏马，随风翻滚的金色麦浪，无不包含着内在的节奏之美与韵律之美，烹饪造型设计完全可以以自然的艺术形象为基础，运用点、线、面的巧妙组合去反映蕴藏于造型设计艺术中的节奏之美和韵律之美（图5.7）。

思考与练习

设计一幅体现节奏与韵律美的图案。

任务4　对称与均衡的法则

对称，也称均齐，即在一条中轴线上，对称的双方或多方同形、同色、同量，具有稳定、庄重、整齐、宁静之美，它体现了秩序和排列的规律性。

对称不仅在数学王国中存在，在生活中也无处不在。儿童画人形，每每在中心画一个躯干，上端画一个大脑袋，在左右各伸出手，左边一足，右边一足，这是他们头脑中形的意象的再现。这个图形正是图案中最明确、最简练的形式，也是一个完整的对称、均齐形式。这是因为婴儿生下来第一眼看到的是母亲的容颜，她是对称的完整形，儿童对这种完整形态感到亲切和愉悦，因此对完整形产生了美感。图案中的完整美是人类共同追求的艺术形式，在古埃及的金字塔上，在古希腊的神庙上，在中国古代的宫殿和庙宇中，都包含着这种庄严、稳定、宁静之美，这种美在形式上表现为均齐、对称和均衡。

对称的形式主要有相对对称、相反对称和多面对齐等。在中心线或中心点左右、上下或周围配置不同形状、不同颜色但量相同或相近的纹样，称为相对对称，如什锦冷盘的纹样，冷菜中的对拼（也叫对镶）。在中心线或中心点左右配置形相同而方向相互颠倒的纹样，称为反对称或逆对称。在中心点四周配置两个以上相同的纹样，称为多面对齐。

对称的共同特点是稳定、庄重、整齐，但绝对对称又会使人感到呆板。为了避免这种情况，人们常常在对称的形式下，采取局部细节调整的手法，以增加动势的趣味。对称在烹饪工艺造型中有较为广泛的应用，其形式主要有左右对称、上下对称、斜角对称和多面对称等。

均衡是指纹样在假设的中心线支点两侧量的平衡关系。它包括两种类型：一是天平称物，力臂相同，同量但形不同；二是中国秤称物，力臂不同，形不同而量相等或相近。与对称形式相比，均衡较为生动、活泼和变化，但也比较难掌握。因为，均衡仅仅是一种感觉，主要依靠经验，而不可以用数理方法进行计算。

图5.8 "蝶恋花"就是均衡图例。拼盘中的蝴蝶与鲜花相对应，给人以平衡的感觉，使整个盘面稳定且富于变化。

烹饪工艺美术专家周明扬先生认为，"蝶恋花"好比天平，而平衡好比天平的两臂。在烹饪图案应用中，对称和均衡常常是结合运用。对称形式条理性强，有统一感，可以得到端正庄重的效果；但处理不当，又容易呆板、单调。平衡形式变化较多，可以得到优美活泼的

图 5.8　蝶恋花

图 5.9　江南园林

图 5.10　锦鸡英姿

效果；但处理不当，又容易造成杂乱。两者相结合运用时，要以一者为主，做到对称中求平衡，平衡中求对称。中国古代的宫殿一般是真山水上采用叠石置山、建筑房屋形成园林的方法，在大面积的空间采用了对称的组合形式而获得完整统一、规模宏大、富丽堂皇的气势。明清江南私家园林则在均衡中以小见大，在有限空间创造出有山有水、曲折迂回、景物多变的环境（图 5.9）。在烹饪图案中，往往运用虚实呼应求得造型的平衡效果。如一盘风景造型的拼盘，常以建筑物为实，天空为虚；以花为实，以叶为虚；以龙为实，以云、水为虚；以鸟为实，以树为虚。这样的布局造型，有实有虚、有满有空，互相照应，使烹饪工艺造型更加生动。

任务5　反复与渐次的法则

　　反复与渐次也是烹饪造型艺术常用的方法之一。鸡在中国传统文化中占有重要地位，锦鸡也成为花色拼盘中的经典菜例。图 5.10 "锦鸡英姿"的拼摆处理中，将锦鸡羽毛依次渐变排列，层层相霭，使锦鸡羽毛变得非常丰满，反复中见变化，渐次中求和谐。反复就是有规律的伸展连续，或是将一个图形变换位置后再次或多次出现。在同一图案中，配置两个或两个以上的同一要素或对象，就成为反复。反复大都用于图案装饰，以造成节奏感和运动感，使整幅图案呈现律动的效果。

　　一般是渐变的过程越多，效果越好。另外，还有色彩的渐变。在色彩上，由浓到淡或者由淡到浓的渲染也是一种渐变，如黑色变成白色，红色渐变成绿色，黄色渐变成蓝色等。其中一些缓和的灰色（中间过渡色）系列也将发挥良好的作用。在烹饪工艺造型中，根据设计要求做不同的处理，如能运用烹饪原料的本身的色泽渐变，会大大增加造型的光彩。

　　渐次就是逐渐变动的意思，是将一连串相类似或同形的纹样由主到次、由大到小、由长到短，由粗到细的排列，也就是物象在调和的阶段中具有一定顺序的变动。这种表现形式在日常生活中极为常见，如自然界中物体的近大远小等现象、海洋生物中的海螺生长结构，形象的大小、疏密、粗细、空间距离、方向、位置、层次、色彩的深浅、明暗、快慢、强弱都是渐变现象，在视觉效果上会产生多层次的空间感。人们通过听觉或视觉的感受，作用于生理，产生美感。北京的天坛、杭州的六和塔、扬州的文昌阁等，其建筑结构本身就是巧妙的渐次重复。渐次不仅是单纯的逐渐变化，同时也具有节奏、韵律、自然的效果，易被人们接受。渐变的形式很多，有方向渐变，基本形的方向逐渐有规律地变动，造成平面空间的旋转感；

位置渐变，将基本形在画面中或骨骼单位内的位置有序地移动变化，使画面产生起伏波动的效果；大小渐变，基本形渐渐由大变小或由小变大，来营造空间移动的深远感；形象渐变，两个不同的形象，均可从一个形象自然地渐变成另外一个形象，关键是中间过渡阶段要消除个性，取其共性；虚实及明度渐变，通过黑白正负变换的手法，把一个形象的虚形渐变成为另一个形象的实形为虚实渐变，基本形的明度由亮变黑的渐变效果为明度渐变。

[知识拓展]

学习图案的形式美法则是为了在今后的实际操作中能够把握菜肴的美感，也就是烹饪图案组织形式。烹饪图案是特殊工艺，我们按其组织形式的不同，可把烹饪图案分为单盘纹样、多盘纹样和围盘纹样三种形式。

1. 单盘纹样

单盘纹样是以单独盛器的色彩、形状为基础，设计出与之相适应的菜肴图案造型，它是烹饪图案组织上的一个基本单位。根据盛器和形体的关系把单盘纹样分为：自由单盘纹样、适合单盘纹样、填充单盘纹样、点缀单盘纹样、几何单盘纹样五种形式。

（1）自由单盘纹样

它的特点是图案造型不受单盘形状限制，自由处理菜肴外形的独立纹样。它的构图多采用均衡式，造型丰满、外形完美、结构严谨，如图5.11和图5.12所示。

（2）适合单盘纹样

图案纹样设计外形一定要适合盛器的形状，使盛器外轮廓与菜肴纹样相吻合，盛器是方形，菜肴纹样也是方形；盛器是圆形，纹样也是圆形，如图5.13和图5.14所示。

适合单盘纹样常用的手法有两种：

①菜肴的主纹样变形适合盛器的外轮廓。

②在主纹样之外，添加其他纹样，以求和盛器更吻合。

图 5.11　一帆风顺　　　　　　　图 5.12　锦映蕉窗

图 5.13　方形菜肴纹样

图 5.14　圆形菜肴纹样

（3）点缀单盘纹样

点缀单盘纹样是指对盛器和菜肴衬托或装饰，使原有的盛器或菜肴更加美丽生动。它的点缀形式在表现内容上分为两种：①盛器的点缀（图 5.15）。②盛器中菜肴的点缀（图 5.16）。

图 5.15　盛器的点缀

图 5.16　盛器中菜肴的点缀

（4）填充单盘纹样

在设计烹饪图案的造型时，纹样有一定的外轮廓，但它不受盛器外形严格的限制，同单盘纹样相比填充单盘纹样的形体更为活泼、自由。纹样造型设计时，可以占有盛器大部分或几个局部空间，也可用菜肴的部分形体适合盛器的外形，或突出盛器的边缘线，力求形体更为丰富多彩。要注意的是图案的空间分割要得体，纹样和空白的关系需均衡，如图 5.17 所示。

图 5.17　填充单盘纹样

（5）几何单盘纹样

几何单盘纹样就是把食品原料加工成抽象的几何形体——块和条，或把菜肴的几个基本形体组合，重叠成复合型的纹样。特征是将自然物象中具有美感的线与形进行高度的概括、提炼、归纳，构成一种带有韵律的菜肴纹样，如图 5.18 所示。

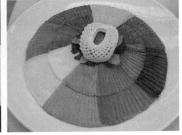

图 5.18　几何单盘纹样

2. 多盘纹样

多盘纹样是把多个单盘纹样放在同一筵席上，从它的形式来看，可分为主盘纹样和无主盘纹样。

（1）主盘纹样

主盘纹样是由一大盘（重点盘），带几个甚至十几个小盘（次盘）所组成的菜肴的纹样，其特征是强调形象的主次关系、主题明确、形象鲜明、次盘陪衬、烘托主题，如图 5.19 所示。

图 5.19　主盘纹样

（2）无主盘纹样

无主盘纹样是由多个菜肴纹样所组成，其形状相似，大小相等，分量基本相同，没有主次之分。在菜肴设计时注意规格化，要求菜点配套、花色丰富、口味多元、工艺精湛，一般按照冷碟、热炒、大菜、甜菜、点心、水果等不同类别，成套设计，构成上档次的无主盘纹样，如图 5.20 所示。

图 5.20　无主盘纹样

3. 围盘纹样

围盘纹样是以菜肴的一个基本纹样式为单位向盘的四边重复排列，形成环带状连续纹样。它是中国菜肴装饰工艺的重要组成部分，也是美化菜肴，提高菜肴审美价值的一种简单而有效的方法。如"菜心炒肚片"放在无围盘纹样的盛器中显得单调、呆板，甚至杂乱无章，如果用胡萝卜片切成各种花式，围在菜肴四周会使这道菜顿然增色，绿白相间的"菜心炒肚片"在红色花样围边的衬托下更鲜活、生动、诱人。

围盘纹样的结构是按重复单位纹样有节奏的法则来设计的，在制作时要注意基本纹样之间的距离、疏密、动静、环状的整体美感。

围盘纹样的主要组织形式有：

（1）散点式围盘

用一个或几个点状纹样设计成单位纹样，按照环带形式排列盘中，如图 5.21 所示。

图 5.21　散点式围盘

（2）折线式围盘

按照直线的转折来设计菜肴的单位纹样，然后呈环带状排列盘中。直线的角的度数可大可小，根据设计者的实际要求而定，如图 5.22 所示。

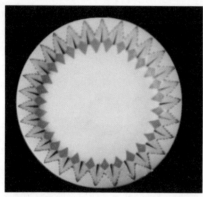

图 5.22　折线式围盘

（3）波浪式围盘

菜肴的基本纹样像水的波浪，一波一波的重复排列成环带状纹样，如图 5.23 所示。

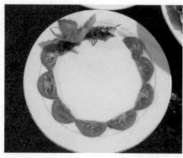

图 5.23　波浪式围盘

（4）旋转式围盘

菜肴的基本样式没有什么特别，可以是点，也可以是线，可以是小平面，只是要排列成旋转的效果，如图 5.24 所示。

图 5.24　旋转式围盘

（5）几何式围盘

菜肴的基本纹样为较规则的几何形或几何体，重复排列盘中呈带状围盘纹样，如图 5.25 所示。

图 5.25　几何式围盘

（6）点缀式围盘

在进行好的围盘中穿插一处或几处花式纹样进行点缀，如图 5.26 所示。

图 5.26　点缀式围盘

思考与练习

1. 反复与渐次各有什么特点？

2. 以"雄鸡英姿"为例，说明反复与渐次在烹饪造型中的应用。

3. 用树叶造型，分别设计出散点式围盘、折践式围盘、波浪式围盘、旋转式围盘、几何式围盘、点缀式围盘。

项目6

烹饪造型艺术

学习目标

◇ 掌握烹饪造型艺术的基本原理和形式，了解烹饪造型的操作步骤。

学习重点

◇ 熟练掌握冷菜、热菜、食品雕刻、面点、围边装饰的工艺和技巧；培养和提高对烹饪作品的造型能力、审美能力和制作能力。

学习难点

◇ 掌握烹饪造型的艺术特征，提高艺术修养，进而激发创新能力。

建议课时

◇ 6课时。

任务 1　冷菜造型与拼摆工艺

冷菜造型是指通过拼摆或雕刻加工，使冷菜在形态上得到美化的工艺过程。由于冷菜造型技术性强，艺术性高，通常被人们称为"工艺冷菜"。

冷菜造型的意义在于美化菜肴，突出特色，活跃气氛，增进食欲。经过精心美化的冷菜，色彩绚丽，形态美观，能悦目怡心，给人们以美的享受。

冷菜造型需构思新颖，主题突出；选料认真，用料合理；烹制精细，刀工娴熟；色清明快，装盘美观；并能塑造千变万化、绚丽多姿、形态优雅的艺术形象；要达到这个标准，必须具有扎实的基本功，精湛的烹饪技术，一定程度的文化修养与美学基础。

冷菜造型主要是通过拼摆来实现的，拼摆的步骤一般要经过垫底、盖边、装面三个程序。

①垫底：在一般的拼盘中，就是用修切下来的边角余料或质地稍差的原料垫在下面，作为装盘的基础，行话称为"垫底"。垫底的作用，主要在于弥补因造型主题所限而产生的分量不足的缺陷。例如，"吉庆有余"就宜用鸡丝、鸭丝、火腿等铺垫。

②盖边：用切得比较整齐的原料，将垫底碎料的边沿盖上。围边的原料要切得厚薄均匀，并根据式样规格等将边角切整齐，这叫作"盖边"。

③装面：就是用品质最好、切得最整齐的原料，整齐均匀地盖在垫底原料的上面，使整个拼盘显得丰满、整齐、美观。这个操作程序称为"装面"。用于装面的那部分原料称作"刀面子"，如鸡的鸡脯和两只大腿，就是做刀面子的好材料。有的刀面材料，如白肚、肴肉等，宜先用重物压平整后再切摆。另外，一些凉菜拼盘制作好以后，还要根据需要浇上味汁，或者用一些原料去加以装饰和点缀，如车厘子、香菜、黄瓜片、萝卜雕花等。

6.1.1　不同种类冷菜的造型方法

1）单拼

单拼（也称"单盘""独碟"）就是每盘中只装一种切配好的冷菜原料。单拼造型有圆形、方形、桥形、马鞍形、三角形等几何图案，也有自由堆砌、排列的不规则图案。单拼造型（图6.1）要求简洁、实用、整齐、美观。

2）双拼

双拼是将两种不同冷菜原料拼摆在一个盘内，不但要讲究刀工，还要求有色彩对比，简洁明快，整齐美观。双拼造型（图6.2）拼法多种多样，可将两种凉菜一样一半，摆在盘子的两边，也可以将一种凉菜摆在下面，另一种盖在上面，还可将一种凉菜摆在中间，另一种围在四周。

图 6.1　单拼

3）三拼

三拼就是把三种不同的冷菜原料拼摆在一个盘内，要求软、硬面结合运用，合理搭配色彩，原料组配适当，使冷盘丰满美观。三拼造型（图6.3）适宜拼摆成三个相对称的马鞍面。至于四拼、五拼都属于同一类型，只不过是多了几种原料，拼摆上略复杂一些罢了。

图 6.2　双拼

4）什锦拼盘

什锦拼盘（图6.4）是把六种或六种以上不同的冷菜原料拼装在一个盘中。什锦拼盘内容丰富多彩，运用多种色彩的冷菜原料，经过精心的构思和拼摆，装盘形式有圆、五角星、九宫格等几何图形，以及葵花、大丽花、牡丹花、梅花等花形，从而形成一个整齐美观、琳琅满目、五彩缤纷的图案，给食用者以心旷神怡的艺术享受。

图 6.3　三拼

5）图案拼盘

图案拼盘就是将各种成品原料加工切配好，在选好的盘内拼成各种各样的图形或图案，又称花式冷盘。有动物类造型、植物类造型、器物类造型、景观类造型和其他造型。具体造型有平卧图案、立体图案、综合图案三种。这种拼摆要求加工精细，选料严格，拼成的图案要实用，形象生动、逼真，色彩艳丽，诱人食欲。

6.1.2　花式冷盘的造型步骤

图 6.4　什锦拼盘

1）构思

拼制花式冷盘之前，要根据宴席的要求、规格、内容等确定主题进行构思。构思可以取材于现实生活，也可以取材于某些遐想。如现实生活中的动植物、景观等，也可以是夸张、理想化的形象。构思的形象能够使人懂得和理解作品所要表现的主题意境，如寿宴的"松鹤延年"，婚宴中的"比翼双飞"等。

2）构图

构图是烹饪造型的基础，是将经过构思的内容提炼加工，组织成具体的图案，巧妙地安排在画面上。初学者可以事先用笔在稿纸上勾画出图形，再经修改完善，确定整体效果，保证在接下来的拼摆中心中有数。

3）选料

图案确定下来以后，就要有针对性地选择原料。要选择可食用的原料，不能选用如铁丝、木棍、化纤之类的造型原料。尽可能运用原料的本色去美化菜肴的造型，体现形态的优美和真实。需要黄色可以选择黄蛋糕、黄花菜、熟鲍鱼、鱼肚、橘子；红色可以选择红辣椒、胡萝卜、樱桃、草莓、熟虾、熟火腿、红肠；绿色可以选择绿色蔬菜；白色可以选择白蛋糕、熟鱼肉、熟鱿鱼、白豆干；黑色可以选择海参、木耳、熟冬菇、松花蛋等。

4）切配

原料选择好了以后，可根据团的局部要求将原料加工成合适的形状。如垫底用的丝、粒、末、泥等，盖面用的鸡心片、羽毛片、半圆片、桶圆片、柳叶片、月牙片等。刀工处理时要充分考虑原料成形后的大小、厚薄、数量等。不同形状的原料，不同色彩的原料搭配要合理。

5）拼摆

花色冷盘造型最终是通过拼摆装盘来实现的，要按设计好的原料加工拼制。在拼制过程中，要做到边拼摆边审料，看原料选用是否合理，若发现某种原料不合适，应立即选用合适原料替换。如果拼成之后感觉形象不够生动，应认真修改，直到满意为止。总之，拼摆时不但要具有良好的刀工技巧和选料能力，还要具备随机应变的能力。只有这样，才能使拼盘达到生动自然、美观协调的效果。

6.1.3 冷盘拼制的基本原则

1）先主后次

在选用两种或两种以上题材为构图内容的冷盘造型中，往往以某种题材为主，而其他题材为辅。如"喜鹊登梅""飞燕迎春"冷盘造型中，喜鹊、飞燕、为主，而梅花、嫩柳则为次。在这类冷盘的拼摆过程中，应首先考虑主要题材（或主体形象）的拼摆，即首先给主体形象定位、定样，然后再对次要题材（或辅助形象）进行拼摆，这样对全盘（整体）的控制就容易多了，解决了主要矛盾，次要矛盾也就迎刃而解了。

2）先大后小

某些冷盘造型中，具有两种或两种以上构图内容的物象，它们在整体构图造型中占有同等重要的地位，彼此不分主次。如"龙凤呈祥""鹤鹿同春""岁寒三友"等，其中的龙与凤，鹤与鹿，梅、竹与松，它们在整个构图造型上很难分出主与次，彼此之间只存在着造型和大小上的区别；再以某一种题材为主要构图内容的冷盘造型中，这一物象经常以两种或两种以上姿态出现，如"双凤和鸣"中的双凤，"双喜临门"中的双鹊，彼此之间在整个构图造型中，仅有姿态、色彩、大小、拼摆方法上的差异。在这种情况下，拼摆时要遵循"先大后小"的基本原则，应先将相对较大的物象定位，再拼摆相对较小的物象，这样就不至于"左右为难"了。

3）先下后上

不管是何种造型形式的冷盘，冷盘材料在盘子中都有一定的高度，即三维视觉效果。在盘子底层的冷盘材料离冷盘的距离较小，我们称其为"下"；在盘子上层的冷盘材料离盘面的距离相对较大，我们称其为"上"。"先下后上"的拼摆原则，也就是我们平常所说的先垫底后铺面的意思，拼摆过程中垫底是最初的程序，也是基础。其主要目的是使造型更加饱满、美观。如果垫底不平整，或物象的基本轮廓形状不准确，想要使整个冷盘造型整齐美观，是绝不可能的。正如万丈高楼平地起，靠的是坚硬而扎实的地基。因此，"先下后上"是在冷盘拼摆中应遵循的又一基本原则。

4）先远后近

在以物象的侧面形为构图形式的冷盘造型中，往往存在着远近（或正背）问题，而这远近（或正背）感在冷盘造型中，主要是通过冷盘材料先后拼摆层次来体现的。我们在拼摆雄鹰展翅时，外侧翅膀一般表现出它的全部，里侧翅膀（尤其是翅根部分）由于不同程度地被身体和外侧翅膀所挡，往往只需要表现出它的一部分。因此，在拼摆两侧翅膀时，要先拼摆里侧翅膀，然后拼摆外侧翅膀，这样雄鹰双翅的形态才能自然逼真，符合人们的视觉习惯。

在冷盘造型中，要表现同一物象不同部位的远近距离感时，除了要遵循"先远后近"的基本原则外，还要通过一定的高度差来表现。较远的部位要拼摆得稍低一点，近的部位要拼摆得稍高一些，只有这样，物象的形态才能栩栩如生。

5）先尾后身

鸟类题材在冷盘造型中应用非常广泛，大到孔雀、凤凰，小到鸳鸯、燕子。我们在制作以鸟类为题材的冷盘造型时，应先拼摆其尾部羽毛，再拼摆其身部羽毛，最后拼摆其颈部和头部羽毛，这样拼摆成的羽毛才符合鸟类的生长规律。有些冷盘造型中，鸟的大腿部也是以羽毛的形式出现的。在这种情况下，我们应先拼摆大腿部的羽毛，再拼摆其身部的羽毛。

🧁 6.1.4 冷盘摆设的基本方法

1）弧形拼摆法

弧形拼摆法是指将切好的片形材料，依相同的距离按一定的弧度，整齐地旋转排叠的一种拼摆方法。这种方法多用于一些几何造型（如单拼、双拼、什锦彩拼等），排拼中弧形面（扇形面）的拼摆，也经常用于景观造型中河堤（或湖堤、海岸）、山坡、山丘等的拼摆。

在冷盘的拼摆过程中，根据材料选择排叠的方向不同，弧形拼摆法又可分右旋和左旋两种拼摆形式，如图6.5和图6.6所示。

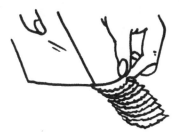

图 6.5　右旋弧形摆法　　　　　　　　　图 6.6　左旋弧形摆法

2）平行拼摆法

平行拼摆法是将切成的片形原料，等距离的往一个方向排叠的一种方法。平行拼摆法可分为直线平行拼摆、斜线平行拼摆和交叉拼摆三种拼摆形式。

（1）直线平行拼摆法

直线平行拼摆法就是将片形材料按直线方向平行排叠的一种形式。如"梅竹图"中的竹子、直线形花篮的篮口、直线形的路面等，都是才用了这种形式拼摆而成，如图6.7和图6.8所示。

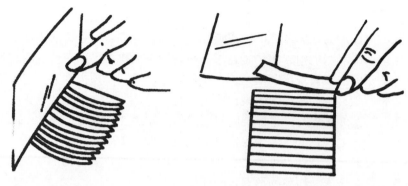

图 6.7　直线平行摆法 1　　　　　　图 6.8　直线平行摆法 2

（2）斜线平行拼摆法

斜线平行拼摆法是将片形材料往左下或右上的方向等距离平行排叠的一种形式。景观造型中的"山"等多采用这种形式进行拼摆，用这种形式拼摆而成的山，更有立体感和层次感，也更加自然，如图 6.9 所示。

（3）交叉平行拼摆法

交叉平行拼摆法是将片形材料左右交叉平行（等距离）往后排叠的一种形式。这种方法多用于器物造型中编织品的拼摆，如鱼篓的篓体。采用这种形式进行拼摆时，冷盘材料多修整成柳叶形、半圆形、椭圆型或月牙形等，拼摆时交叉的层次视具体情况而定，如图 6.10 和 6.11 所示。

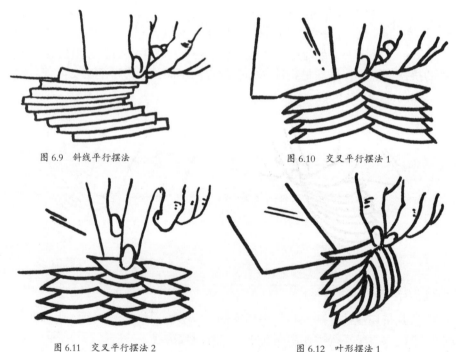

图 6.9　斜线平行摆法　　　　　　　图 6.10　交叉平行摆法 1

图 6.11　交叉平行摆法 2　　　　　　图 6.12　叶形摆法 1

3）叶形拼摆法

叶形拼摆法是将切成的冷盘材料拼摆成树叶形的一种拼摆方法。这种方法主要用于树叶的拼摆，有时以一叶或两叶的形式出现在冷盘造型中，这类形式往往与各类花卉相结合；有的冷盘造型中则以数瓣组成完整的一枚树叶形式出现，如"蝶恋花"中的多瓣树叶，"秋色"中的枫叶等，如图 6.12 至图 6.14 所示。

图 6.13　叶形摆法 2　　　　　　　　　　　　　图 6.14　叶形摆法 3

🧁 6.1.5　花拼造型应用举例

1）锦鸡迎春

（1）原料

酱牛肉、黄蛋糕、白蛋糕、火腿、鸡蛋卷、红辣椒、胡萝卜、黄瓜、西兰花、青萝卜皮、熟鸡丝、盐水虾、紫菜。

（2）准备

将酱牛肉、白蛋糕分别修成羽毛形实体；将胡萝卜修成窄长形羽状实体，焯水入味备用。将火腿修成椭圆形实体；将青萝卜皮焯水入味备用。

（3）拼摆

①先将鸡丝在盘的适当位置码出两只锦鸡的初坯。整条青萝卜皮刻出锦鸡尾羽形状，摆至初坯的后端，成锦鸡尾巴。

②将胡萝卜刻出细长形柳叶状羽毛，从尾羽中、下部开始斜着向尾根部码去。

③将白蛋糕切成小羽毛片，从尾部中间开始，交错码至鸡的颈部，成鸡身、背部羽毛。

④将酱牛肉、白蛋糕、萝卜皮切成大柳叶片，分别摆出两只锦鸡的翅膀。

⑤将胡萝卜、黄瓜用刀切成小圆片，从翅膀根部上侧开始，码至鸡颈下端，交错码出三至四层，为颈部羽毛。将水发紫菜堆在头的部位，修整出鸡头。再将红辣椒刻出鸡冠放在头的上部。将胡萝卜刻出嘴形，放在头的前端。用海带刻成的鸡脚插入鸡身下部。

⑥将酱牛肉、火腿、鸡蛋卷、黄蛋糕、白蛋糕、黄瓜切成片，连同盐水虾一起分三层码在鸡的下端，呈山包状。西兰花适当点缀即成（图 6.15）。

2）晨曦

（1）原料

白蛋糕、盐水虾、酱牛肉、火腿、鸡脯肉、炝海带、蛋卷、油焖香菇、黄瓜、胡萝卜、西兰花、红樱桃、青萝卜皮。

图 6.15　锦鸡迎春

图 6.16　晨曦

（2）准备

将白鸡脯片成片，切丝后剁成末备用。白蛋糕修成柳叶形实体，雕出鹤的颈和头。胡萝卜雕出鹤的嘴、腿、爪。

（3）拼摆

①将鸡肉末在盘的适当位置码出两只不同姿态的仙鹤初坯。将海带片薄，刻出鹤的尾羽，分别码在初坯的后端。

②将白蛋糕切成羽毛形小片，从尾根部开始，码至颈部，成鹤的身和翅。然后将刻成的鹤颈、头、嘴按上。将红樱桃切四瓣，两瓣分别放在鹤头顶为顶红。将香菇刻成的眼睛放在头侧。将刻好的腿、爪分别插入鹤的腹部。

③将酱牛肉、蛋卷、火腿、胡萝卜切成片和盐水虾、西兰花一起码成山包状，香菇刻成小太阳点缀即成（图 6.16）。

思考与练习

1. 冷菜造型的要求是什么？
2. "锦鸡迎春"如何拼摆造型？

[知识拓展]

果盘造型艺术

用餐过后食一点水果，这是营养学上的要求。中国筵席数量大、品种丰富，更需要水果来帮助消化吸收，所以各大酒店宾馆，尤其是三星级以上宾馆均有专门的果盘加工间，以满足消费者更高层次的需求。

1. 用于果盘的水果介绍

（1）陆奥苹果

果实坚，汁多，甜味爽口，果皮为带粉的红色。上市时间为每年 10 月到来年 5 月。挑选时手指弹击整个苹果，声音清脆响亮的多新鲜可口。

（2）富士苹果

造型不规则，红里透黄，易保存，甜度高，酸甜适中，口感好。一年四季都有上市，尽量选用肉紧分量重的。

（3）玉林苹果

呈梯形状，微带青黄色，表皮多麻点，酸度低，味甜，很香，口感适中。

（4）无花果

整体变软，果柄部分成熟时最好吃。置冰箱可保存 2 ~ 3 天。

（5）葡萄柚（绯红）

应选用皮紧绷有光泽，质感好的。果肉滑软多汁。易存放，冬天置阴凉处，夏天放冰箱。糖分略高于白色果肉的葡萄柚。

（6）葡萄柚（白）

葡萄柚之母为文旦，之父为甜橙，果汁非常多，带爽口的苦味。放冰箱以防干燥，可保存一星期。

（7）罗汉果

因其为干果，可碾碎放水中煎后当饮料喝。罗汉果的甜度是糖的 200 倍以上。

（8）李子

为红色，果皮无破痕，形状整齐的为好。果体变软，熟到柄端时即可吃。常温下可保存 4 ~ 5 天。肉紧、多汁、味酸甜。

（9）巴伦西亚橙

西班牙名产，柑橘类水果，果皮饱满，有光泽、色橙黄发亮为好。越沉甸，越汁多，肉紧。冬天放阴凉处，夏天放冰箱。

（10）不知火橙

选择有光泽，软硬适中且分量重的。皮可手剥，甜而不酸。

（11）普拉德橙

果皮为朱红色，果肉为红色。因含花色素，独具风味，且十分耐看。

（12）新夏橙

皮肉之间的衣十分有味，削皮时稍带点衣吃，别有风味。

（13）枇杷

选择柄部新鲜、果皮光滑的，果肉易损，拿放时要十分小心。常温下可保存 2 ~ 3 天。剥皮时应从底部开始。

（14）柿

可选蒂部新鲜，果皮紧绷的。新鲜的果皮上有白霜。整体变红，有弹性时最适合。果肉甜美汁多，可常温下保存。

（15）安弟斯甜瓜（绿）

果肉为绿色，为甜瓜的主要品种。应选择圆、瓜纹及果皮无伤害的。顶部变软，出香气时可吃。味甜多汁，常温下保存，食用前可冷藏 2 ~ 3 小时。

（16）荷木兰甜瓜（绿白色）

果皮上天络纹，色白，果肉也为白色，既软又甜。常温下保存，食用前冷藏 2 ~ 3 小时。

（17）哈密瓜（绿）

食用时选择枝粗、色青、体圆、筋络鲜活，果皮无损伤的瓜。纹络越细的瓜越香、味道也越好。顶部变软、飘香时适合。顶部最甜，所以最好竖刀切成月牙形。

（18）哈尼甜瓜（绿白色）

这种瓜一熟就特别甜，比别的甜瓜大一圈。吃时要等整个瓜都稍软，选择果皮无损害的食用。常温下保存一周。

（19）无籽西瓜

宜选藤粗绿、瓜皮条纹清晰、有光泽的食用。阴凉处可存放 2 ~ 3 天。

（20）红小玉西瓜

宜选条纹清晰、果皮饱满的瓜。阴凉处可保存 2 ~ 3 天，一旦剖开，应尽早食用。

（21）美国樱桃

挑选标准是果皮已全部泡红、新鲜饱满。可冷藏 2 ~ 3 日。具有独特的香气和甜味。

（22）艾贝利草莓

又酸又甜，清爽可口，比普通草莓大一圈，有极高的食用价值。

（23）女峰草莓

特点是甜度高，且带适度酸味，香气浓。整体红时可吃，水洗后即可食用。

（24）甘蔗

新鲜、光滑、无霉变为好。切口新鲜最重要，节之间部分甜。常温保存。

（25）红宝石提子

藤青、果粒饱满有光泽、鲜嫩。属红葡萄系列。

（26）马斯喀特奶葡萄

这种葡萄皮薄，香气非常浓，也很甜。一串葡萄里越靠柄越甜，宜装入袋中放冰箱冷藏。

（27）巨峰葡萄

特点是汁多，甜味浓。果皮果肉易剥离，食用方便。果粒上有白霜的叫花晕，是从葡萄内部分泌出的保护膜，因而色越白葡萄越新鲜。

（28）巴巴果

英文名为三番木瓜、星番术瓜。含蛋白质分解酶，直接食用不如拌酸奶或做成蜜饯、果酱食用，用于拼盘装点也可。

（29）火龙果

果肉为果冻状、色白、黑处为籽。味甜，口感好。拿在手上感觉有弹性时可吃。

（30）石榴

适合做果汁，味酸甜。以皮有弹性为好。常温下可保持一周，放冰箱冷藏后味道更佳。

（31）香梨

挑选标准是果皮有弹性，果体饱满。皮稍削厚些，核周围也稍多削一些，这样味道会更好，香味也很浓。

（32）黄金桃

挑选标准是左右对称，外形整齐，无压痕。柄部泛红，飘香时可吃。冷藏 2 ~ 3 小时后食用味道更佳。注意不要冷藏过头。

（33）油桃

香醇味浓。整体泛红时可吃。这是一种可以连皮吃的水果。

（34）芝麻香蕉

果皮发黄，出现黑色斑点时适口。味甜绵软。常温下保存，食前可冰镇。

（35）柠檬

果皮有弹性，无疤痕为最佳。冷藏可贮存 1 ~ 2 周。又酸又香，果汁也多。果皮也很香，可用做摆设。

（36）菠萝

叶柄处由绿泛黄，摸上去有弹性时适口。易保存，酸甜可口。挑选标准是叶鲜嫩，皮饱满。

（37）香肉果

果肉为奶油色，质软、肉甜，整体变软时适口。可常温保存。

（38）红香蕉

味甜且香气扑鼻，耐存放。果皮发黄，出现黑色斑点时正适口。注意放冰箱会有损口味。

（39）番木瓜

果皮由绿泛黄，整体变软时适口，有一种独特的香味。和柠檬汁一起食用味美可口。常温下可催熟。

（40）杨桃

待皮微泛黄时适口。长条形，有棱，果肉有弹性时酸甜适中，常温催熟后食用。

（41）猕猴桃

整体变软时适口。果硬时买回，常温催熟。酸甜适中，含维生素 C。

（42）墨西哥芒果

整体变软，出香气时适口。果肉为橙色，多纤维。味浓厚。

（43）酸橙

果皮有弹性，无疤痕为佳。冷藏可保存 1 ~ 2 周。酸味重，汁多，香味独特。

（44）椰子

在果壳上开洞，喝里面的椰子汁。果汁无色透明，有些许甜味。

2. 部分水果甜度分布

水果不同部位的甜度随结果时期的日照、热量等条件差异各有不同。下列部分图示中箭头所指方向或编号最小为最甜部分。

（1）猕猴桃

从顶部开始成熟，所以越靠柄部越不甜。硬的猕猴桃不要放进冰箱。切时应该竖切，保证甜度分布一致（图 6.17）。

图 6.17　猕猴桃

（2）葡萄

一串葡萄中，越位于柄部的越甜，因为吸收光照最多，甜度也因此增加。越往下越酸，若顶部甜则整串都甜（图6.18）。

图 6.18　葡萄

（3）草莓

顶部最甜，熟后逐渐由下往顶部变红，因而靠近中心和柄部甜度降低，见图6.19。

图 6.19　草莓

（4）菠萝

从下面的枝叶处开始，逐渐成熟，因而先熟的部位较甜（图6.20）。

图 6.20　菠萝

（5）甜瓜

从顶部开始成熟，因而顶部最甜，籽四周次之，切果时用月牙形切法可使甜度均匀分配（图6.21）。

（6）苹果

顶部和核四周最甜，所以竖切较为合理，为防变色，可泡在淡盐水里（图6.22）。

（7）西瓜

中心有籽的部分最甜，日光照射多的突出部分也甜，可以从突出部分切成两半（图6.23）。

（8）柿子

顶部和籽四周一样甜。采用月牙形切法可使甜度均匀分配。另外，越靠外、越往柄部甜度越差（图 6.24）。

（9）桃子

几乎所有的水果都是顶部和核四周最甜，越靠皮越不甜。以桃子为首，苹果、柿子、梨子等都一样（图 6.25）。

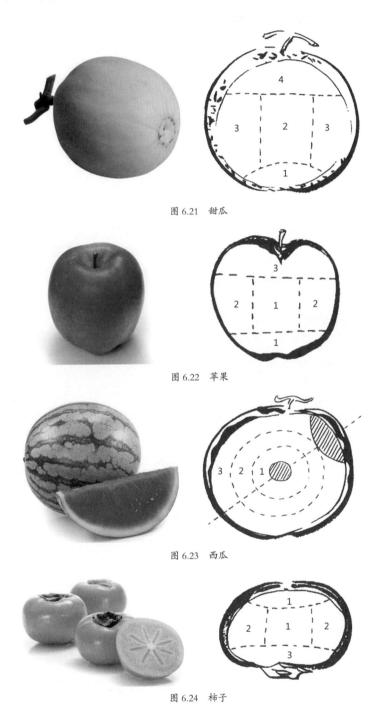

图 6.21　甜瓜

图 6.22　苹果

图 6.23　西瓜

图 6.24　柿子

图 6.25　桃子

3. 水果切拼用具

（1）刀

①刀刃长度 27 厘米：切削大型水果，削皮。

②刀刃长度 20 厘米：切削中型水果。

③刀刃长度 17 厘米：切削中型水果，削皮。

④刀刃长度 15 厘米：切削小型水果，削皮。

⑤刀刃长度 8 厘米：切削小型水果，削皮等。

⑥菠萝刀：削菠萝皮。

⑦葡萄柚刀：插进水果的皮与肉之间将果肉剜下。

⑧划线刀：在水果表面划线、雕刻等。

⑨去皮刀：适合专业人员精雕细刻。

（2）模具

①树状型：特别适合西瓜、甜瓜等。

②鸟状型：可选择各种水果、加工后作为宴会等场合的装饰。

③圆环组合型：大小不同的圆环，可根据水果大小选择使用。

④心状型：可根据水果大小变换使用。

⑤星状型：可加工宴会装饰物，果皮等。

（3）挖刀

①两头半圆型：中间有一握柄，用于大型水果制作球形。

②比 1 号挖刀略小，用于中型水果。宴会上将挖下的水果拼放整齐，有时插上插棒，食用方便。

③波浪型单柄挖刀：挖出的形状潇洒迷人。

④椭圆型单柄挖刀：把水果挖成椭圆型。

⑤去心刀：挖去苹果、梨子、菠萝等水果的心。

⑥网状单柄去皮刀：仔细削橙子等水果的皮。

⑦厨剪：剪切水果的皮、叶。

⑧去壳刀：剥硬果外壳时使用。

（4）水果切拼法

①橙子：橙子皮厚难剥，可先用刀插到皮和果肉之间的筋处，这样可以削得很干净。另外橙子水分很多。所以下刀后要干净利索，充分保留其美感和芳香，以制作双杯为例。

刀伸进柄处削皮，尽量削薄些。用皮当果盘时，注意中途不要将皮切断，也可摆放别的水果肉。

a. 用去皮刀从柄部开始削皮，但柄部不全削。一手执刀，一手转动橙子，削到白筋部分。

b. 削到顶时，将顶留住不削。

c. 从柄部将橙子竖切两半，果肉削成 V 字形。

d. 其中一半果肉切成月牙形，另一半横切成半月形。

e. 用两端果皮做底，将果皮合拢扭曲，做成两个杯子，装上果肉即可。

②番木瓜：番木瓜的切削要点是柄部切的稍厚，顶部甜度高，稍切薄些，去籽时尽量不要破坏果肉，刀伸进去后要一气呵成，果肉的面要平整光滑，更加鲜美诱人。以制作番木瓜船为例。

一眼看上去属上乘，不同凡响。里面可装冰激凌或果冰，也别有情趣。

a. 将竖剖开的半个番木瓜底削平摆稳。

b. 将柄部斜切掉。

c. 顶部稍切成 V 字形，再将挖成球形的另半个番木瓜肉装上去，吃时用勺挖。

③菠萝：切拼要点是充分利用叶和皮，皮削得厚，一直削到果肉的色芽部分。盛盘时利用皮体现出质地感。绿叶添彩，愈显娇艳。以制作菠萝船为例。

小船用来拼装水果或盛装菜肴都是宝贝。切时稍离心部，往上水平切开，就可将船做得深些，叶的切法也很随便。

a. 将叶子削齐。

b. 菠萝横放，朝叶柄方向水平切开的心放上端，切到最后时刀稍朝上切。

c. 用去心刀的刀尖深深插进心的两端，切成 V 字形，除去心籽。

d. 用葡萄柚刀将皮与肉切开，取出果肉。

e. 将取出的果肉切成易食小块，装入菠萝船里。

④哈密瓜：挑选体圆，筋络分明的哈密瓜，可做果盘，也可用于装饰。应根据实际用途区别利用，充分发挥哈密瓜味香味浓的特色。以制作星状果盘为例。

将切成月牙形的两片甜瓜合成星形。参加人数较多的宴会上，可将果肉颜色不同的哈密瓜拼在一起，显得绚丽多彩。

a. 将刀从顶部伸入已切成月牙形的哈密瓜，切到 2/3 处。

b. 为了吃起来方便，将果肉切成段。

c. 其他种类的哈密瓜也同样切。

d. 将两组哈密瓜从切口处插进皮与果肉之间。

⑤甜柚：甜柚汁多，切时动作要利索，而且拼盘后应尽早食用。其切法适用于相同的柑橘类水果。以制作果盘为例。

甜柚上带着把子，十分可爱，可系上彩色丝带，或取出果肉，加进别的甜点，也适用于甜瓜类。

a. 离柄部 1/3 处将甜柚切开。

b. 将葡萄柚刀伸进皮与果肉之间，转切一周。

c. 取出果肉，竖切 4 等份。

d. 果肉取出后，从皮的切口下 3 毫米处插上刀切开一半，另一半也同样切开。

e. 捡起左右两边，用丝带系住，做成篮子形状，再放回果肉。

⑥猕猴桃：成熟后果肉常太软，所以拿在手上有弹性时即可食用，切拼也是这时最合适。

猕猴桃色泽鲜绿，常作为拼盘的主题，因而掌握其花式切法后十分方便。以制作花形为例。

切片时外形美似花瓣，因此得名。可爱、抢眼、常为水果拼盘焦点。

a. 将削皮后的果肉竖向切出浅浅的 V 字形。

b. 横放切片，厚度适当。

c. 拼放时可围成一圈或叠放成塔形。

⑦芒果：芒果肉软，应快速削切。可先将果肉切成适当大小以方便食用，也可用皮作果盘，是制作水果拼盘的理想材料。不喜欢它的气味的话可滴入柠檬汁调气味。以制作芒果环为例。

用切半的芒果做成芒果环。皮用来当容器，所以尽量不要损坏。和别的水果拼盘也十分艳丽，最适合简餐性质的款待。

a. 刀从柄部伸入，沿扁核两侧切下。

b. 刀插入皮与果肉间，沿弧形徐徐转切一圈。

c. 将挖出的果肉斜切，稍错开放在皮中。

⑧杨桃：又叫星果，它的外形呈星状，显得十分可爱，颜色与任何水果相配都比较合适，对果盘无特殊要求。但出乎意料的是，不知如何切削的人却很多。注意不要忘记削皮。盛装时宜展示出淡黄色的切面，最适合对称切装点。以制作星状拼盘为例。

一种普通切法。皮削去，吃起来十分方便。削皮时，刀不要切得过深，只相当于划出切痕。

a. 切去两端。

b. 仔细削去五角形的角皮。

c. 用刀在沟部皮上划出口。

d. 从顶端沿皮轻轻划开，再反复一圈去皮。最后切成薄片，围在盘中即可。

⑨火龙果：皮与果肉色泽鲜美，拼盘里有了它，便倍加璀璨。削不削皮不影响其美感。只是果肉特别软，切时应注意。以制作环状拼盘为例。

预先在皮上划出切口后，可用手剥。切成环状或切片食用均很方便，装点力求简单。

a. 横置，稍切去顶部。

b. 另一端也同样切去。

c. 用刀尖在皮上竖划口，从划口处剥皮。

d. 果肉切成适当的厚度。

⑩无花果：无花果果肉特别软，切时应注意，生吃也行，煮果子露或做成酱口味更好。色泽艳丽。以制成翼状为例。

皮全部削去，便于食用，摆放也很简单。果肉软，注意不要捏坏。可与口感相似的其他水果拼盘。

a. 从柄部竖切成两半。

b. 切成 8 等份，刀尖插入皮与果肉间削皮，皮削得稍厚。

任务2　热菜造型与装盘工艺

热菜与冷菜不同，其显著特点就是趁热食用。因此，热菜造型要求以最简单的方法，最快的速度进行工艺处理，必须简捷大方，耐人寻味。热菜还是筵席的主题菜肴，是决定筵席的档次高低、好坏的关键。成功的热菜以精湛的工艺、娴熟的刀工、优雅的造型、绚丽的色彩令人倾倒，促使筵席过程高潮跌起，气氛热烈，所以说，热菜造型技术是饮食活动和审美情趣相结合的一种艺术形式，既有技术性，又有观赏性。

构成热菜造型的基本条件，一是切配技术；二是烹调技术。其中，切配技术是构成热菜造型的主要条件。一般菜肴的制作，都要经过原料整理、分档选材、切制成形、配料、熟处理、加热烹制、调味、盛装八个过程。切配技术不仅使菜肴原料发生"形"的初步变化，烹调技术不仅使菜肴原料"形"的变化更完善，而且使菜肴色彩更加鲜艳悦目。因此，掌握好切配与烹调技术是热菜造型的基础。

🧁 6.2.1　热菜造型形式

热菜造型形式丰富多彩，其造型形式一般采用自然形式、图案形式、形象形式等。

1）自然形式

自然形式的特点是形象完整、饱满大方。在烹调过程中，常采用清蒸、油炸等技法，基本保持了原料的自然形态。如"烤乳猪""樟茶鸭子""整鱼""整鸡""兰花甲鱼""烤全羊""炸虾"等。这些菜肴的形态要求生动自然，装盘时应着重突出形态特征最明显的、色泽最艳丽的部位。为了避免整体造型的单调、呆板，在菜肴的周围可以进行点缀、装饰，以丰富菜肴的艺术效果，如"富贵烧鸡"（图6.26）。

图6.26　富贵烧鸡

2）图案形式

图案形式的特点是多样统一，对称均衡。要求充分利用形式美法则，通过丰富的几何变化、围边装饰、原料自我装饰等形式，使菜肴达到即实用又美观的效果。

（1）几何图案构成

几何图案的构成是利用菜肴主、辅原料按一定顺序、方向有规律的排列、组合，形成排列、连续、间隔、对应等不同形式的连续性图案。其组织排列有散点式、斜线式、放射式、波纹式、组合式等，如"牡丹鲍鱼"（图6.27）。

图6.27　牡丹鲍鱼

（2）菜品自我装饰图案构成

菜品自我装饰图案构成，也称菜肴自我装饰。它是利用菜肴主、辅原料，烹制成一定的形象再装饰的方法。如将原料制成金鱼形、琵琶形、花卉形、凤尾形、水果形、蝴蝶形等，再把成形的单个原料按形式美法则围拼于盘中，食用与审美融为一体。这类装饰形式在热菜造型中运用较为普通，它可使菜肴形象更加鲜明、突出和生动，给人一种新颖别致的美感，如"龙凤葡萄球"（图6.28）。

图6.28　龙凤葡萄球

（3）盘饰构成

盘饰构成与几何图案构成在艺术效果上有许多共同之处，不同的是盘饰在菜肴的周围或局部装饰点缀各式各样的图案。

热菜盘饰应遵循以下四条原则：口味上要注意装饰原料与菜品基本一致；装饰原料必须安全卫生；制作时间不宜过长，以不影响菜品质量为前提；装饰原料色彩应靓丽、图案应清晰。盘饰构成又可分为周边装饰和点缀装饰。

①周边装饰。周边装饰是以常见的新鲜水果、蔬菜为原料，经加工处理后装饰在盘子的周边。周边装饰形式一般有以下几种：

a. 几何形围边：沿盘子的周边全围或半围成装饰花边。这类装饰在热菜造型中最常用，以圆形为主，也可根据盛器的外形围成椭圆形、四边形等，如"橙香排骨"（图6.29）。

b. 象形围边：根据菜肴烹调方法和选用的盛器款式，把花边围成具体的图形，如扇面形、花卉形、叶片形、灯笼形、太极形、鱼形等，如"五彩瓜皮丝"（图6.30）。

图6.29　橙香排骨　　　　　　　　　　　图6.30　五彩瓜皮丝

②点缀装饰。点缀装饰是用水果、蔬菜或食雕形式等，点缀在盘子某一部位，以美化菜肴。它的特点是简单、易操作，没有固定的形式。点缀装饰一般有以下几种形式：

a. 局部点缀：将装饰物点缀于盘子的一边或一角，以渲染气氛、烘托菜肴，它的特点是简洁、明快，如"葱烧海参"（图6.31）。

b. 对称点缀：这种装饰多用于腰盘或四房盘，它的特点是对称和谐，丰富多彩。一般对称形式有上下对称、左右对称、多变对称等，如"如意海肠卷"（图6.32）。

c. 中心与外围结合点缀：常用于大型豪华宴会、筵席中。选用的盛器较大，装点时应注意菜肴与形式统一。中心装饰力求精致、完整，并要掌握好层次与节奏的变化，使菜肴美观大方，如"香煎西式银鳕鱼"（图6.33）。

图6.31　葱烧海参　　　　图6.32　如意海肠卷　　　　图6.33　香煎西式银鳕鱼

3）象形形式

象形形式就是让菜肴的艺术形象与模拟对象之间，形态虽不像，神态却十分动人。主张"神似"，但并非完全放弃"形似"，这"似与不似之间"的菜肴形象，让人有丰富联想的余地，并得到一种含蓄雅致的美感。热菜造型的象形形式一般有两种表现方法：写实法和写意法。

（1）写实法

这种手法以想象为基础，加以适当的剪裁、取舍、修饰，对物象的特征和色彩着力塑造表现，力求简介工整，生动逼真，如"丰收鱼米"中的"玉米"就非常形似。

（2）写意法

写意不像写实那样，而是必须把自然物象进行一番改造。它完全可以突破自然物象的束缚，充分发挥想象力，并给予大胆的加工和塑造，但又不失物象的固有特征，符合烹调工艺要求，将物象处理得更加精益求精。在色彩处理上也可以重新搭配，给人以新的感觉，使物象更加生动活泼，如"菊花鱼"中的"菊花"就非常神似。

🧁 6.2.2 热菜造型应用举例

1）丰收鱼米

（1）原料

鲍鱼、紫菜、菜心、净鱼肉、南瓜、青豆、枸杞、湿淀粉、食用油、精盐、味精、料酒、高汤。

（2）制法

①将鲍鱼改成菊花花刀，将菜心修成玉米叶形，将鱼肉改刀成小丁，将紫菜泡好备用，将南瓜刻成盏状。

②将鲍鱼焯水，加高汤、南瓜汁、调料烧制入味，勾芡，装盘。

③将菜心焯水过凉后入味，和紫菜一起分别点缀在鲍鱼身上呈玉米形。

④将南瓜盏蒸熟备用。将鱼丁上浆滑油，爆炒成菜，盛入南瓜盏，点缀青豆和枸杞，摆在盘的中央即成（图6.34）。

图 6.34　丰收鱼米

2）菊花鱼

（1）原料

带皮草鱼肉、冬瓜皮、淀粉、番茄酱、精盐、味精、料酒、白醋、白糖、清汤。

（2）制法

①将草鱼肉逐块锲上菊花花刀，将冬瓜皮刻成菊花的叶子。

②将鱼肉用食盐、料酒略腌，逐块拍干淀粉，下入六七成热的油中炸成金黄色，将炸好的鱼肉在盘中簇成大小不同的两朵菊花。

③在锅内加底油烧热，将番茄酱炒出红油，烹白醋，加清汤、料酒、白糖，烧开，用湿淀粉勾芡，均匀地烧在菊花鱼上。

④将冬瓜皮刻成的叶子焯水过凉，点缀在菊花鱼的下方即成（图6.35）。

图 6.35　菊花鱼

3）干贝扣肉

（1）原料

带皮五花肉、干贝、菜心、精盐、味精、白糖、料酒、冰糖、老抽、清汤、湿淀粉、葱姜、花椒、大料。

（2）制法

①将五花肉改刀成薄片。用葱姜、花椒、大料、料酒、老抽腌渍入味，上色。

②将腌好的五花肉逐片卷上干贝，整齐地码入碗里，加入用清汤、料酒、精盐、糖色兑成的汁，上锅蒸透。

③将碗里的汁倒入锅内，肉反扣于盘内，锅内的汁烧开勾芡，均匀地烧淋在肉的表面。

④将菜心焯水入味，整齐地围在扣肉周围即成（图6.36）。

图 6.36 干贝扣肉

思考与练习

1. 热菜的造型形式有哪些？
2. "菊花鱼"如何造型摆盘？

任务 3 食品雕刻造型艺术

食品雕刻属于刀工技术的一部分，也是拼摆造型必须具备的一项专业技艺。食品雕刻一般多用于筵席的高级拼盘，是为点缀菜肴、美化环境、活跃宴会气氛服务的。食品雕刻的运用，必须选好题、择好景，服从宴会的需要，适合筵席的组织形式，但不宜喧宾夺主，滥肆渲染。若能从客观实际出发，合理安排，巧妙点缀，必然会收到妙不可言的效果。

食品雕刻通过特种刀具和娴熟的技巧，把原料雕刻成平面的或立体的人物、花草、鸟兽、山水等各种生动的物体形象，具有较高的技术性和艺术性。雕刻形象要求高雅、健康，并富有特色，切忌粗制滥造或庸俗不堪。

食品雕刻大致分为两类，一类是专供欣赏不作食用，为美化环境、活跃宴会气氛服务的，如"迎宾花篮"、泡沫雕等；另一类是既供欣赏又供食用，为美化菜肴、增添筵席色彩服务的。从发展的趋势来看，既供欣赏又供食用的食雕作品，使人既饱眼福，又饱口福，备受欢迎，有广阔的发展前途，应大力提倡。

6.3.1 雕刻原料

雕刻原料一般选用具有脆性的瓜、果及根茎类的蔬菜。选用时，应根据雕刻的具体需要，选择脆嫩不软、皮中无筋、肉实不空、色泽光亮、形态美观的原料。常用的有以下几种：

1）果蔬类原料

（1）萝卜

萝卜品种很多，形态各异，如皮白肉白的白萝卜、皮青肉青的青萝卜、皮青肉紫红的心里美萝卜、皮肉橘红的胡萝卜、皮红肉白的水萝卜等。萝卜可雕刻成各种菊花、牡丹花、牵牛花、蝴蝶、鸟、兽、鱼、虫及建筑物等。

（2）薯类

薯类中用作雕刻原料的，主要有马铃薯、番薯、山药等。其中，以肉质洁白的用途最为广泛。色白带黄的可雕刻成各种花朵；红心的番薯可雕刻成人物。

（3）瓜类

瓜类中可做雕刻原料的，主要有冬瓜、西瓜、南瓜、黄瓜等。可在冬瓜、西瓜、南瓜的表面雕刻各种花纹、画面，再挖去瓜瓤，加入其他原料，如什锦瓜盅等。黄瓜可以用来刻制蝈蝈、螳螂等昆虫。

（4）水果

供雕刻用的水果，有生梨、荸荠等。水果用作雕刻原料，其食用价值比萝卜和部分瓜类原料要高些。

（5）其他类

在雕刻原料中，还经常用一些蔬菜作为配料，如香菜、芹菜、洋葱、海带、红椒、黄瓜皮、黑木耳、银耳等。这些配料，经过加工用以点缀和装饰。

2）熟制原料

（1）糕类

供雕刻用的糕类原料，有白蛋糕、黄蛋糕，可雕刻成茶花、菊花等各种花卉以及鸟类的头、爪等。

（2）蛋类

蛋类原料有鸡蛋、鹅蛋、鸽蛋、鹌鹑蛋等，可雕刻成菊花、小动物等。

🧁 6.3.2 雕刻的步骤

雕刻是一项较为复杂的工作，必须按照一定的步骤，有条不紊地进行，才能使雕刻的形象符合预定的要求，做到主题鲜明、突出，形象优美、逼真。一般有以下几个步骤：

（1）选题

选题就是确定作品的题目。选题要考虑宴会场合、宾客身份、时令季节、民族习俗等诸因素。总体要求是题材新颖，恰到好处。

（2）定形

定形是根据主题思想确定雕刻的形象，确定是采用整雕形式还是组合雕形式，总体要求是通过合适的形态来反映主题思想。

（3）选料

选料是根据已经确定的形态，来选择适当的原料，如质地、色彩、性状等都要符合造型要求。

（4）布局

布局就是根据主题思想、形象、原料大小来安排雕刻的内容。布局时，首先安排好主体部分，再安排陪衬部分，做到有主有次，主题突出。

（5）落刀

选题、定形、选料、布局都确定下来以后，才可以开始雕刻，即落刀。落刀时要先刻轮廓再刻具体内容；先刻粗线条，再精细加工。

6.3.3 食品雕刻的基本技法

1）整雕

整雕是用一块原料雕刻成一件食雕作品，不再需要其他物料的陪衬与支持就自成一体。无论从哪个角度欣赏，都具有独立性，且立体感极强，这种雕刻就叫整雕，也就是指用一块原料雕刻成一个具有完整形体的艺术作品。

2）组雕

组雕也叫零雕整装，就是用几种不同的原料，分别雕刻出某个组合形体的各个部位，然后再集中组装成一个完整的物体形象。

3）浮雕

在某些原料（如西瓜、冬瓜、南瓜）的表面向外凸出或向里凹进刻出各种花纹图案，这种雕刻就是浮雕。常有两种形式：将花纹图案向外突出地刻在原料的表面上为凸雕（也称阳纹雕），将花纹图案向里凹陷地刻在原料的表面上的为凹雕（也称阴纹雕）。

4）镂空雕

镂空雕是在浮雕的基础上，运用镂空透刻的方法，将设计好的图案刻留在原料上，刻好后在其内部放一只点燃的蜡烛或小灯泡，灯光便从图案的纹路中透出，独具意境，应用时多表现为西瓜灯。

6.3.4 花卉雕刻的构图与技法

1）花卉雕刻的构图与技法

①原料要根据雕刻对象的颜色、形态特点进行选择。

②雕刻花瓣前，要将原料制成适当形状的坯。

③雕刻的顺序一般由外向里，或自上而下分层雕刻。

④雕刻时，花瓣要厚薄不一，以便雕刻完经水泡后自然翻卷。

⑤花卉雕刻的刀法较多，一般采用直刀法、旋刻刀法、斜口刀法、圆口刀法和翻刀法。

⑥花卉雕刻的重点是花朵雕刻，枝杆及花、叶一般采用自然花卉的枝和叶，或采用其他植物的枝与叶，一般不另外进行雕刻。

⑦可借鉴插花艺术，运用于花卉的组合布局中。

2）花卉雕刻应用举例

（1）玉兰

①原料：萝卜或胡萝卜。

②刀具：直刀。

③刀法：直刻法。

④雕刻步骤（图6.37）：

a. 先将原料制成截面为正方形的长方体坯。

b. 用直刻法将原料的4个棱角除掉。刻时要从底平面1.5厘米处下刀。

c. 用直刻法分别沿刚才的刀痕刻4个花瓣，注意下刀时要向原料的中心倾斜，四刀交于一点，这样下部的花与上部的原料自然分离。

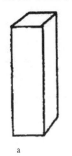  

图 6.37　玉兰

（2）马蹄莲

①原料：白萝卜或土豆、胡萝卜等。

②刀具：尖刀、刻线刀、U形刀。

③刀法：旋刻法。

④雕刻步骤（图6.38）：

a. 取一个或一段原料，先将顶部修成弧形。

b. 在弧形面上修出水滴形。

c. 用刻线刀勾勒出花瓣外形，并用尖刀钎出花瓣，如图（a）所示，削去花瓣下面的余料后如图（b）所示，成图（c）所示形状。

d. 用U形刀在水滴形面上凿出花瓣槽，在槽尾凿一小孔，安上胡萝卜做的花芯即成。

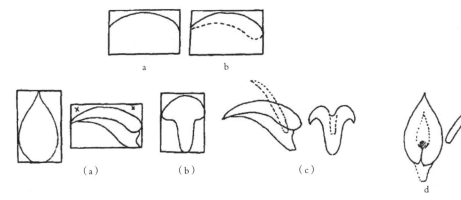

图 6.38　马蹄莲

（3）牡丹

①原料：萝卜或南瓜。

②刀具：波纹圆口刀。

③刀法：直刻法、叠片刻法。

④雕刻步骤（图6.39）：

a. 先将南瓜用直刀修成圆柱体坯。

b. 在圆柱体中心修刻好花蕊，由里向外用波纹刀一层一层刻制。

c. 先选用小型波纹刀，然后逐渐用大号波纹刀斜刻一层，去一层余料，从而使花瓣逐层增大。

d. 最后修刻好花蒂，陪衬枝、叶，完成牡丹的造型。

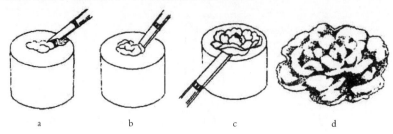

a   b   c   d

图 6.39　牡丹

（4）菊花

①原料：萝卜或土豆或大白菜。

②刀具：斜口刀、V形刀、大号刀、圆口刀。

③刀法：直刻法、旋刻法、叠片法、翻刻法、插刻法。

④雕刻步骤：

由外向里刻法（图6.40）：

a. 先将萝卜修刻成菊花形轮廓。

b. 用V形刀由外层的上端向下插至根部，插出第一层花瓣。

c. 然后利用旋刻法，旋去多余的部分，再插出第二层花瓣。

d. 逐渐由表及里一层层地进行刻制，一朵含苞待放的菊花就雕刻成了。

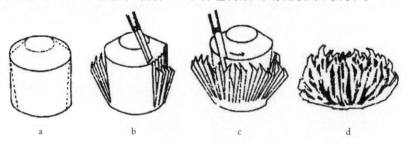

a   b   c   d

图 6.40　菊花（由外向里刻法）

由里向外刻法（图6.41）：

a. 先将萝卜修刻成圆柱体坯。

b. 在原料的截面中心，用中号半圆形插刀，转刻3厘米深的凹心。

c.再用小型的V形刀或U形插刀，插出里面的花丝，然后用直刀旋去外层多余部分。

d.用相应的插刀刻第二层花瓣，如此循环，最后修好花蒂，即可成为一朵菊花。

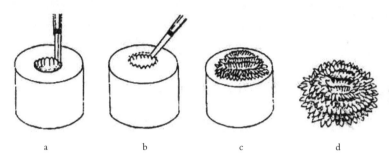

图6.41 菊花（由里向外刻法）

平刻法（图6.42）：

a.先将萝卜修切成高15厘米的圆柱体坯。

b.左手托住圆柱体，右手用大号直刀从外向里旋切成0.1厘米的长方形薄片。

c.用细盐轻擦原料表面，然后对折，注意原料不能折断，用大号直刀横向切连刀薄片。

d.取胡萝卜切成高3厘米的圆锥体，在锥体的截面再切十字形连刀片做花蕊备用。

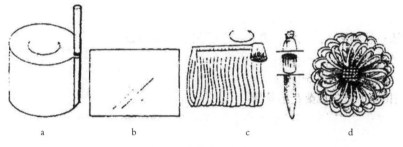

图6.42 菊花（平刻法）

最后，将长方形萝卜薄片卷住胡萝卜，四周用牙签固定，水泡后即可制成一朵大菊花。

🧁 6.3.5 禽类雕刻的构图与技法

1）禽类雕刻的构图技法

①原料要根据雕刻对象的性格、特点、大小进行选择。

②雕刻时一般采用整雕手法。首先是整体下料，雕刻轮廓，然后逐步进入精雕细刻程序。

③雕刻的顺序一般是自上而下，从整体到局部进行雕刻。

④禽类雕刻的刀法丰富而又富于变化，常选用直刀、斜口刀、圆口刀、V形刀和小戳刀等。雕刻时，可根据对象灵活运用。

2）禽类雕刻应用举例

（1）天鹅（图6.43）

①原料：白萝卜、胡萝卜。

②刀具：尖刀、圆口刀、刻线刀。

③雕刻步骤：

a. 将原料切成方块。

b. 用尖刀雕刻出天鹅大形。

c. 继续用尖刀刻出天鹅身体、翅膀细节。

d. 拼接出整体。

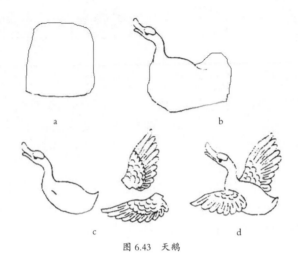

图 6.43 天鹅

（2）鸳鸯

①原料：南瓜。

②刀具：尖刀、圆口刀、刻线刀。

③刀法：直刻法、插刻法、旋刻法。

④雕刻步骤（图 6.44）：

a. 将原料切成两块长方体，其中用于雄鸟的略大些。

b. 用尖刀将头部前端削成尖形，刻出扁形的嘴、头羽、眼睛、颈（短些），如图 b 中（a）、（b）所示。

c. 雄鸟有立翅（又称相思羽），刻法与凤凰相同，因此刻雄鸟的颈部时不可一刀修去，要留出立翅的原料，如图 c 中（a）所示，如另取料刻后插上也可。雌鸟则可直接将体形修出，如图 c 中（b）所示。

d. 刻出雄鸟的立翅和翅膀，用圆口刀戳出小复羽、大复羽、飞羽，再用尖刀削去羽下余料。修出尾部（与天鹅相似），再用刻线刀铲出尾羽即成。

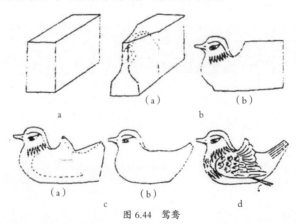

图 6.44 鸳鸯

（3）燕子

①原料：青萝卜。

②刀具：尖刀、圆口刀、三角刀、刻线刀、刨皮刀。

③刀法：直刻法、插刻法、旋刻法。

④雕刻步骤（图6.45）：

a. 先将青萝卜的表皮略微刨去薄薄的一层（要留住青绿色），然后定出燕子的各部位置。

b. 刻出嘴、脸、颈、胸，然后直接用尖刀划出翅膀轮廓，再用圆口刀戳出复羽和飞羽。

c. 修去少许羽下的余料，用三角刀推出两根尾羽，推时要前浅后深，先轻后重，随后削去尾下余料。

d. 将翅膀下的余料修去，将翅膀修薄，直修至腹部，并将腹下修圆、修光洁。

e. 刻出陪衬的梅枝或假山，用竹签固定即成。

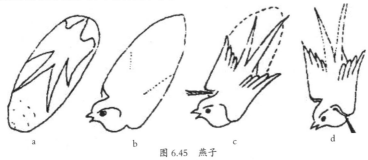

图6.45　燕子

（4）仙鹤

①原料：南瓜或白萝卜、青萝卜。

②刀具：尖刀、圆口刀、三角刀、刻线刀。

③刀法：直刻法、旋刻法、插刻法。

④雕刻步骤（图6.46）：

a. 取一段南瓜，上下两头修平，然后上端1/3削成稍薄的楔形。

b. 用尖刀将上端刻成鹤的喙、头、颈，并修去棱角。

c. 用尖刀将鹤身削成蛋形，在两侧分别刻出翅膀轮廓，再用圆口刀戳出复羽、飞羽，并钎去羽下一层余料。

d. 用三角刀在尾部戳出尾羽，钎去尾羽下余料。

e. 刻出仙鹤的两条长腿，一条直立，一条抬起，再刻出足趾，用花椒籽做眼，用三角刀戳出假山石即成。

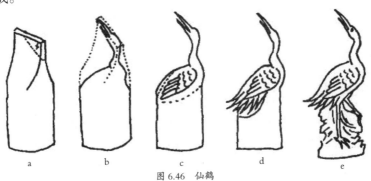

图6.46　仙鹤

（5）寿带鸟

①原料：南瓜或萝卜。

②刀具：尖刀、圆口刀、三角刀、刻线刀。

③刀法：直刻法、旋刻法、插刻法。

④雕刻步骤（图6.47）：

a.将原料的上端刻成鸟头约占原料的1/7高度。

b.将身体修成蛋形，再用尖刀在身体两侧勾出翅膀轮廓，修去翅膀下的余料。

c.用圆口刀戳出翅膀上的复羽和飞羽，修去羽下余料。

d.修出尾部轮廓，用三角刀先推出两根长羽，再分别推出4根短羽，完成后修去尾羽下的余料，使尾羽大部分与原料分离，增加立体感。

e.刻足趾前要先修正鸟腿、腹部和足趾的位置。将腹部一点点改小，鸟的大腿向尾部一点点移动，足趾的位置要定在使其中心通过鸟的重心线，如图（a）所示，然后刻出跗跖骨和足趾。趾骨的节数分别为后2节、内3节、中4节、外5节。腿足完成后，再用刻线刀刻出脚，如图（b）所示。

f.用三角刀凿出草状，用圆口刀凿出假山。

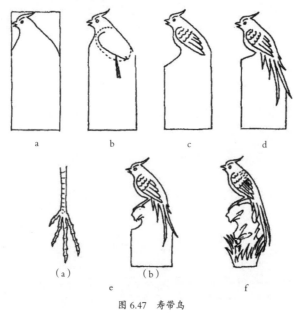

图6.47 寿带鸟

🧁 6.3.6 人物雕刻的构图与技法

1）人物雕刻的构图与技法

①根据雕刻的主题形象，选择雕刻的手法。

②根据雕刻人物的特点和动态变化，选择原料。

③人物类雕刻的顺序一般是以头部为单位，整体下料，逐步雕刻。

④人物类雕刻的刀法较为多样，一般依据人物的特点，重点掌握面部表情和人体形态变化规律，灵活运用刀法。

2）人物雕刻应用举例

（1）老寿星
①原料：南瓜。
②刀具：尖刀、圆口刀、三角刀、刻线刀。
③刀法：直刻法、旋刻法、铲刻法。
④雕刻步骤（图6.48）：

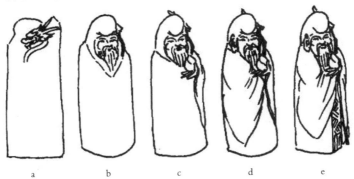

图 6.48　老寿星

a. 将原料底部削平，顶部分出头与拐杖两部分，先刻出拐杖上的龙头和部分拐杖。

b. 修出额部，刻出大前额，修出眉、眼、鼻、颧骨、嘴和长胡子。

c. 用尖刀和刻线刀刻出寿桃和桃叶，刻出持桃的左手及袖口、袖纹。

d. 刻出耳朵（耳垂大些）；修出右肩及手，刻出右袖纹。

e. 刻出衣领及衣纹，刻出拐杖的下端部分。

（2）嫦娥
①原料：青萝卜。
②刀具：尖刀、圆口刀、三角刀、刻线刀。
③刀法：直刻法、插刻法、旋刻法。
④雕刻步骤（图6.49）：

a. 选一根青萝卜，将底部削平，略分6等份，最上端1/6为头部。

b. 头部轮廓削出后，先刻脸部，定出三庭五部位，依次刻出发际、额、眉、眼、鼻、嘴。

c. 将发髻刻出后，用刻线刀推出根根毫发，刻上金钗一只。

d. 刻出兰花手指状，削出肩膀和手臂的轮廓。

e. 刻出颈部、衣领和胸部。

f. 刻出左侧长袖。"寂寞嫦娥舒广袖"，所以要突出长袖的动势。

g. 刻出飘带，顺其动势，要有回旋荡漾、舒卷飘翻之感。

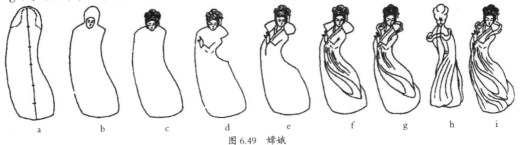

图 6.49　嫦娥

h. 刻出背后飘逸的长发及甩向背后的右侧长袖。

i. 腰部收紧些，刻些衣纹。衣纹要疏密得当，注意相互的牵引关系，确章有序，富于变化。

（3）圣诞老人

①原料：南瓜。

②刀具：尖刀、三角刀、刻线刀。

③刀法：直刻法、旋刻法、铲刻法。

④雕刻步骤（图6.50）：

图 6.50 圣诞老人

a. 取一截南瓜，在上端刻出小红帽及头部轮廓。

b. 用尖刀刻出发、眉、眼、鼻、嘴和胡须。

c. 修出两肩，刻出左手成招呼状，右手握礼品袋状，并刻出背上的口袋。

d. 刻出棉袄和衣袖、腰带及衣袖纹。

e. 刻出两腿及靴子即成。

（4）渔童

①原料：青萝卜、胡萝卜。

②刀具：尖刀、圆口刀、三角刀、刻线刀。

③刀法：直刻法、插刻法、旋刻法。

④雕刻步骤（图6.51）：

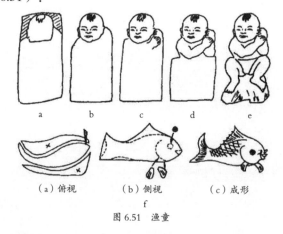

（a）俯视　　　（b）侧视　　　（c）成形

f

图 6.51 渔童

a. 将青萝卜上下两端削平，在上端约1/4处刻出头部，在头顶上刻一小撮头发。

b. 刻出脸部五官，修出颈部。

c. 在左侧刻出两只握渔竿的手成拳状。

d. 刻出两肩和肘、臂。

e.刻出胸腹部、背部及臀部。刻出两腿和脚，再刻条三角裤，戳出石纹。

f.另取胡萝卜刻一条鲤鱼似在张口吞饵，如图（a）、（b）、（c）所示，用竹签做渔竿插入手中与鱼连接。

（5）猪八戒

①原料：南瓜。

②刀具：尖刀、圆口刀、三角刀、刻线刀。

③刀法：直刻法、插刻法、旋刻法。

④雕刻步骤（图6.52）：

a.取一截较直的长柄南瓜，将底部切平，将顶部刻成和尚帽形。

b.修出头部轮廓，修出长嘴、大耳、眼和鼻。

c.刻出持杯的左手成饮茶状，刻出右手倒提钉耙之状，修出袖子、袖纹。

d.刻出两肩及上半部僧衣，修出袒胸露肚状。

e.刻出裤腰带、裤子和两脚，脚上刻双草鞋。

f.另刻一钉耙，用长竹签插住再穿入手中即成。

图6.52 猪八戒

🧁 6.3.7 景物雕刻的构图与技法

1）景物雕刻的构图与技法

①根据雕刻的主题形象，选择雕刻手法，如整雕、零雕整装、浮雕和镂空雕等。

②依据雕刻对象的特点、气势选择原料。

③一般采用零雕整装和整雕的手法。

④刀法较为多样，一般古塔、亭阁、山石用直刻手法。雕刻时，可根据对象的形态特点，灵活运用。

2）景物雕刻的应用举例

（1）桥

①原料：南瓜。

②刀具：尖刀、圆口刀、刻线刀。

③刀法：直刻法、旋刻法。

④雕刻步骤（图6.53）：

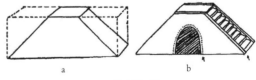

图6.53 桥

a.先将原料削成长方体，再削成上窄下宽的梯形，注意上下要平行，两侧要对称。

b.沿线条刻出桥边，再从底部开始刻出阶梯，将桥面修平。刻出桥洞，再用刻线刀将洞口修圆滑。最后刻出桥侧面的石纹。

（2）亭子

①原料：白萝卜。

②刀具：尖刀、圆口刀、刻线刀。

③刀法：直刻法、插刻法、旋刻法。

④雕刻步骤（图6.54）：

a.将原料切成长方体，竖起来放。

b.用刀削出亭顶，修出顶尖和翘檐。

c.在亭身四面用刀刻出平行的两根直线，去掉中间一层薄料，刻出四根柱子。

d.去掉柱子之间的余料，用刻线刀修出翘檐上的瓦纹和底座的石纹。

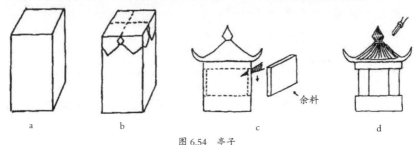

图 6.54　亭子

（3）宝塔

①原料：南瓜。

②刀具：尖刀、圆口刀、刻线刀。

③刀法：直刻法、插刻法。

④雕刻步骤（图6.55）：

a.先将原料削成六面椎体，然后将其分成7级，高度的比例如图。

b.顶部刻出6个斜面，每个斜面用刀削成凹状，刻出檐面及翘角。塔身的第一层刻完后，用圆口刀刻出窗，如图（a）所示，然后刻第二层，以此类推。但每面去料的厚薄要一致，才不至于变形，如图（b）所示，高低要一致（可以在各个面上横连一根线条后再去料）。

c.底层可以刻些台阶或栏杆。最后刻个葫芦顶，安在塔顶就成了。

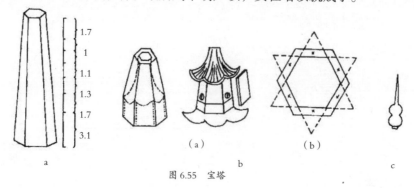

图 6.55　宝塔

（4）花瓶

①原料：南瓜。

②刀具：尖刀、刨刀、刻线刀、圆口刀等。

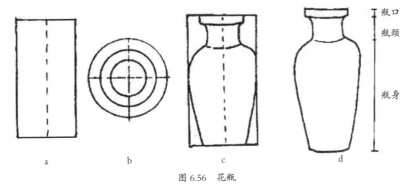

图 6.56　花瓶

③刀法：直刻法、插刻法、旋刻法。

④雕刻步骤（图6.56）：

a. 选一段较直的南瓜，削平上下两端，使之重心呈垂直，四平八稳。

b. 在上端截面划平分线，定出中心，用圆规做圆，画出瓶口。

c. 在原料侧面定出瓶口、瓶颈、瓶身三部分的高度。

d. 用尖刀削去多余的原料，刻出花瓶光胚。

e. 在各部分用刻线刀勾勒出图案花纹，并将图案凸于原料表面即成。

（5）冬瓜船

①原料：冬瓜。

②刀具：笔、刻线刀、尖刀、宝剑刀、钢匙。

③刀法：直刻法、阴纹刻法、阳纹刻法。

④雕刻步骤（图6.57）：

a. 选一形态端正、皮色青绿、外表光亮、质地新鲜、粗细均匀、无碰伤、无疤痕的冬瓜。先将瓜横放平稳，切去一片底部弧形部分。

b. 用特种铅笔在原料两侧各画一幅凤凰图案，要求两凤凰均衡对称，然后用刻线刀勾勒出图案。

c. 用宝剑刀或镂空尖刀沿轮廓边缘线条，镂切去线外余料；用勺或匙挖去瓜瓤，修齐沿口（宽窄要一致）。另切半只冬瓜，刻上云纹图案做底层。

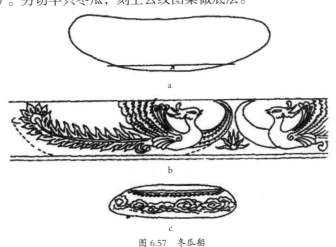

图 6.57　冬瓜船

🧁 6.3.8 食品雕刻应用举例

1）孔雀献寿

（1）原料

白萝卜、心里美萝卜。

（2）刀具

主刀、圆口刀、三角戳刀。

（3）制法

将原料刻出回头的孔雀和寿桃，点缀并装饰即可（图6.58）。

图6.58　孔雀献寿

2）百花争艳

（1）原料

心里美萝卜、白萝卜。

（2）刀具

主刀、圆刀口。

（3）制法

将原料刻出各样的鲜花，用冬青装饰即可（图6.59）。

图6.59　百花争艳

3）鸟语花香

（1）原料

南瓜、胡萝卜、心里美萝卜。

（2）刀具

主刀、圆口刀、戳刀。

（3）制作

用胡萝卜刻出两只形态不同的鸟，南瓜刻成假山，心里美萝卜刻成花朵，然后装饰点缀即成（图6.60）。

图6.60　鸟语花香

4）招财进宝

（1）原料

西瓜。

（2）刀具

平刀口、勾线刀、圆规、勺子。

（3）制法

事先设计好主题，用圆规在西瓜上把框架画好，再用勾线刀刻出图形，从顶部开口用勺子把瓜肉取出，周围留约0.5厘米的红肉，用平刀口按照先后顺序依次镂空并拉出，组装成型即可（图6.61）。

思考与练习

1.食品雕刻的要求有哪些?

2.简述"招财进宝"的雕刻步骤。

图6.61　招财进宝

任务 4　面点造型的分类及技法

面点造型是将调制好的面团或坯皮，按照成品要求包上馅心（或不包馅心），以天然美和艺术美的方式，塑造成各式各样的成品和半成品。好的面点造型可以给人以欢乐的情趣和艺术享受。

6.4.1　面点造型艺术的特点

面点是中国烹饪的主要组成部分，它和中国菜肴一起构成了完美的具有中国特色的烹饪艺术。

1）雅俗共赏，品种丰富

面点品种大都具有雅俗共赏的特点，并各有其风味特色。即便是一块饼、一块糕也有独特的艺术效果和魅力，更不用说那些图案造型和立塑造型品种了。面点的种类非常多，分类方法也很多。按其造型的特征可分为圆形、方形、椭圆形、菱形、角形等，也有整形、散形、组合型之分。

2）食用与审美紧密结合

面点造型有其独特的表现形式，它通过一定的艺术造型手法，使人们在食用时达到审美的效果。食用与审美融于面点造型艺术的统一体之中，而食用则是它的主要方面。

（1）食为本，味为先

面点的造型，要求其具有一定的艺术性，但并不是要求它成为纯粹的艺术品。所以，在制作花色造型面点的时候，首先要强调以食为本的原则。单纯地追求艺术造型，只能导致"金玉其外，败絮其中"。

面点艺术首先是味觉艺术。中国面点讲究色、香、味、形、器的和谐，其品评标准应当是以"味"为先。也就是说，要求面点首先是好吃，其次是好看，只好看而不好吃的品种是人们所不喜欢的。

（2）重形态，求自然

面点造型是一门艺术，它的美观取决于面点的"色"和"形"。

面点的形，主要是面团、面皮上加以表现的。通过一定的造型手法增加了面点的感染力和食用价值。面点的形还应与它的色很好地结合起来。制品应以自然色彩为主，体现食品的自然风格。当色彩不能满足制品要求时，可适当加以补充，但要以天然色素为主。自然、丰富的色彩不仅能影响人的心理，而且能增强人的食欲。色彩与造型结合的好，可使面点制品达到更高的艺术境界。

3）立塑造型手法精湛

面点的立塑造型是内在美与外在美的统一，经过严格的艺术加工，制成的精致玲珑的艺术形象，能对食用者产生强烈的艺术感染力。面点造型与美术中的雕塑手法十分接近，其中搓、包、卷、捏等技法属于捏塑的范畴；切、削等手法又与雕刻技法相通；钳花、模具、滚、镶、沾、嵌，也近似于平雕、浮雕、圆雕的一些手法。可以说，面点造型工艺是一种独特的雕塑创作。

面点造型是通过一整套精湛的技艺而包捏成各种完整形象的，如通过折叠、推捏而制成的孔雀饺、冠顶饺、蝴蝶饺；通过包、捏而成的秋叶包、桃包；通过包、切、剪而制成的佛手酥、刺猬酥；通过卷、翻、捏而制成的鸳鸯酥、海棠酥、兰花饺以及各种象形船点和拼制组合图案等。每种面点即有各自不同的形态、色彩和表现手法，又是各种整体造型的艺术缩影。

6.4.2 面点造型艺术的要求

1）掌握皮料性能

面点造型具有较强的立体感，坯皮料必须有较强的可塑性，质地细腻柔软，是面点立塑的基本条件。米粉、面粉、薯类淀粉都具有这种特性。面粉中的特制粉由于面筋蛋白含量高，适宜制作饺子、面条等需要筋力的品种；标准粉面筋蛋白含量适中，适宜制作包子、馒头之类需要起松的品种；米粉面团面筋蛋白含量较少，延展性差且黏性较强，故不能像面粉面团那样有筋力，胀大膨松的能力也差。只有了解各种皮料的性能，才能造型自如、得心应手。

2）配色技艺有方

配色技艺是面点造型艺术的重要组成部分，它和面点的形状紧密地联系在一起。面点的色彩讲究和谐统一，有的以馅心原料来配色，如以火腿的红、青菜的绿、熟蛋清的白、蟹黄的黄、香菇的黑配色，制成的鸳鸯饺、一品饺、四喜饺、梅花饺等；有的利用天然色素来配色，例如红色的红曲粉、苋菜汁、番茄酱；黄色的鸡蛋黄、南瓜泥、姜黄素；绿色的菠菜、荠菜、丝瓜叶；棕色的可可粉、豆沙等。面点的色彩只能是简易的组合和配置，不能像画家那样调配各种颜色。过多地用色和不讲卫生的重染，不仅起不到美化的作用，而且会适得其反。面点造型艺术是吃的艺术，其色彩的运用应始终坚持以食用为出发点。多用本色、少量缀色，是面点配色的基本方法。

3）馅心选用适宜

为了使面点的造型美观，艺术性强，必须注意馅心与皮料的搭配相称。一般包子、饺子的馅心可软一些，而花色象形面点的馅心一般不宜稀软。不论选用甜馅或咸馅，味型要讲究，不能只重外形而忽视口味。若采用咸馅，汤汁宜少，尽量做到馅心与面点的造型相搭配。如做"金鱼饺"，可选用鲜虾仁作馅心，即成"鲜虾金鱼饺"；做花色水果点心，如"玫瑰红柿""枣泥苹果"等，则应用采用果脯蜜饯、枣泥为馅心，务必使馅心与外形相互衬托，突出成品风味特色。

4）造型简洁夸张

面点造型艺术对于题材的选用，要结合时间和环境因素，宜采用人们喜闻乐见、形象简洁的物象为佳。面点造型艺术的关键是要熟悉生活，熟知所要制作物象的主要特征，然后抓住特征，运用适当夸张的手法，才能使食品造型的效果更好。如制作"玉兔饺"只需掌握好兔耳、兔身、兔眼三个部位，夸大它的耳朵和身子，这样制作的小白兔才惹人喜爱；"天鹅"要突出的是颈和翅，要对这两个部位进行适当夸张变化。这种夸张的造型手法，就是要妙在"似与不似之间"。过分地讲究逼真，费工费时地精雕细琢，反而会弄巧成拙。

5）盛装拼摆得体

盛装拼摆技艺也是面点造型的重要环节。总体要求是：对称、和谐、协调、匀称。如"牛肉贴锅"，可摆成圆形、桥形，底部向上突出煎制后的黄金色泽，下部微露出捏制的细皱花纹；"四喜蒸饺"可摆成正方形、品字形，在操作时应将四种馅料按一定的顺序摆放，装盘排列时也应四色方向有序，给人以整齐、协调之美，而不是随便放置，给人以色、形零乱的感觉。即便是简单的菱形块糕品，也应给予一定的造型，如八角形、菱形、等边三角形等。总之，应拼摆得体，和谐统一，使人感到面点的整体是一幅和谐的画面，面点的个体是活灵活现的艺术精品（图6.62和图6.63）。

图6.62　牛肉铁锅　　　　　　　　　　　图6.63　四喜蒸饺

6.4.3　面点造型应用举例

1）荷花酥

（1）原料

面粉、猪油、豆沙馅、白糖、红曲米汁。

（2）制法

①将面粉、猪油、水拌和揉搓成水油面团；在面粉中加猪油，搓擦成干油酥面团；将豆沙馅分成30等份，用适量的白糖加红曲米汁少许搓匀备用。

②将水油面团和干油面团均掐成30个面坯，逐个把干油面包入水油面中，擀成长饼，对折成三层，再擀长对折成三层，按成中间略厚四周稍薄的圆形暗酥坯皮，包上一份豆沙馅，捏紧收口搓成鸡蛋形，包口在细头一端，然后用小刀在生坯粗头一端割上五个

图6.64　荷花酥

花瓣（刀口长度为生坯长度的1/3，深度不可过深），放入四成热的油中炸熟呈淡黄色，捞出控净油，在花瓣中间撒上少许红糖即可（图6.64）。

2）枣泥玫瑰饺

图 6.65 枣泥玫瑰饺

（1）原料

澄粉、生粉、南瓜泥、枣泥馅、精盐。

（2）制法

南瓜蒸熟，趁热揉入澄粉、生粉，调成团，醒置一会儿。再搓成细条，用刀切成剂子，然后刀面沾上油，把剂子压成薄片。薄片中包入馅心，捏成玫瑰花形，入蒸锅旺火蒸 5 分钟至熟即可（图 6.65）。

思考与练习

1. 面点造型的要求有哪些？
2. 简述"荷花酥"的制作过程。

任务5 烹饪装饰工艺

许多烹饪作品的色泽、造型等由于受原料、烹饪方法或盛器等因素的限制，装盘后并不能达到色、香、味、形、器的和谐统一，因而需要对其进行装饰美化。所谓装饰美化就是利用作品以外的原料，装饰于作品四周、中间或其表面上，以提升烹饪作品的审美价值，同时可使成品更加突出、充实、丰富、和谐，弥补了成品因数量不足或造型需要而导致的不协调、不丰满等情况。

6.5.1 烹饪装饰的发展历程

①1990年前后，烹饪作品只是简单地用削或折成的萝卜花，以及用模具扣压出的花朵、小动物等来装饰。这是最简便、最节省原料的一种装饰。

②1992年以后，比较流行用雕刻的月季花、牡丹花等来装饰。

③1996年前后，流行用加工后的水果、黄瓜、菜心等沿盛器周围进行装饰。

④2000年前后，流行用组雕成的花鸟、鱼虫、龙凤等进行装饰。

⑤2006年前后，小型鲜花装饰流行了一段时间。

⑥最近几年，糖艺、果酱、奶油、巧克力等开始运用到盘饰中，使烹饪装饰更加多元化、更加丰富多彩。

6.5.2 烹饪装饰方法

常见的烹饪装饰方法有围边和点缀。

1）围边

围边是指用各种可食用的原料在盘子边缘进行的一种简易装饰。围边常见的方式有几何形围边和象形围边。

（1）几何形围边

利用某些固有形态或经加工成为特定几何形状的物料，按一定顺序和方向，有规律地排列、组合在一起。其形状一般是多次重复，或连续，或间隔，排列整齐，环形摆布，有一种曲线美和节奏美，如"乌龙戏珠"用鹌鹑蛋围在扒海参周围。还有一种半围边花边也属于此类方法，半围法围边时，关键是掌握好被装饰的菜肴与装饰物之间的分量比例、形态比例、色彩比例等，其制作没有固定的模式，可根据需要进行组配。

（2）象形围边

以大自然物象为刻画对象，用简洁的艺术方法提炼出活波的艺术形象，这种方法能把零碎散乱而没有秩序的菜肴统一起来，使其整体变得统一美观。常用于丁、丝、末等小型原料制作菜肴。如"宫灯鱼米"用蛋皮丝、胡萝卜、黄瓜等几种原料制成宫灯外形，炒熟的鱼米盛放在其中。象形围边通常所用的物象有三类：

第一，动物类，如孔雀、蝴蝶等。

第二，植物类，如树叶、寿桃（图 6.66 和图 6.67）等。

第三，器物类，如花篮、宫灯、扇子等。

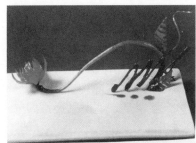

图 6.66　象形周边（1）　　　　图 6.67　象形周边（2）

2）点缀

点缀是用少量的物料通过一定的加工，点缀在盛器的某个位置，形成对比与呼应，使烹饪作品重心突出。

（1）局部点缀

局部点缀是指用各种蔬菜、水果加工成一定形状后，点缀在盘子一边或一角，以渲染气氛、烘托菜肴（图 6.68）。这种点缀方法的特点就简洁、明快、易做。

（2）对称点缀

对称点缀是指在盘中做出相对称的点缀物。对称点缀适用于图 6.68　局部点缀
椭圆腰盘盛装菜肴时的装饰，其特点是对称、协调，简单易掌握，一般在盘子两端做出同样大小、同样色泽的花形即可（图 6.69）。

（3）中心点缀

中心点缀是在盘子中心用装饰物对材料进行拼装，它能把散乱的菜肴通过盘中有计划地堆放和盘中的装饰物统一起来，使其变得美观（图 6.70）。

图 6.69 对称点缀

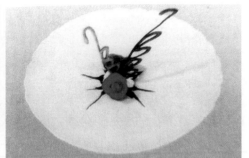
图 6.70 中心点缀

6.5.3 烹饪装饰的原则

1）安全卫生

装饰物一定要进行洗涤消毒处理，尽量不用或少用食用色素，确保装饰安全卫生。

2）实用为主

尽管烹饪装饰非常重要，但它毕竟是一种外在的美化手段，决定其艺术感染力的还是烹饪作品本身。因此，烹饪装饰要遵循食用为主，美化为辅的原则。那些既好看又好吃的烹饪装饰是我们大力提倡的。

3）方便快捷

菜点进入筵席后往往被一扫而光，其装饰物没有长期保存的必要，加之价格、卫生等因素以及工具的限制，不可能搞很复杂的构图，也不能过分的雕饰和投入太多的人力、财力。装饰物的成本不能大于菜肴主料的成本。装饰要方便快捷，不能耽搁筵席的进程。

4）协调一致

装饰物与菜肴的色泽、内容、盛器必须协调一致。从而使整个菜肴在色、香、味、形诸方趋于完美而形成统一的艺术体。宴席菜肴的美化还要结合筵席的主题、规格、入宴者的喜好与忌讳等。

6.5.4 烹饪装饰应用举例

图 6.71 庭院深深

1）庭院深深

（1）原料

蛋黄糊、豌豆泥、菜叶、小鲜花。

（2）制法

①将蛋黄糊装入裱花袋内，在不粘垫上裱出网状，入烤炉内烤呈金黄色。

②在盘边挤注豌豆泥，将烤好的面网固定好，适当点缀即可（图 6.71）。

2）一往情深

（1）原料

酱汁、菜叶、鲜花。

（2）制法

①将酱汁装入汁水笔中，甩出二条枝芽。

②在枝条上点缀绿色的小叶子和鲜花即可（图6.72）。

3）满载而归

（1）原料

龙须面、海苔、面糊、石榴籽、紫薯泥。

（2）制法

①将龙须面埋齐，两端用海苔片蘸面糊卷扎好。

②将卷扎好的面条入140℃的油中炸制呈船形，捞出吸去油分。

③在盘内挤注紫薯泥，将炸好的面条船固定好，船内装入艳丽的石榴籽即可（图6.73）。

4）欣欣向荣

（1）原料

韭菜花、橄榄油、精盐、菜叶、小柿子。

（2）制法

①将韭菜花焯水搅打成汁加入橄榄油、精盐成韭菜花酱汁。

②用软毛刷蘸汁刷盘，点缀上绿色的小菜叶和袖珍柿子即可（图6.74）。

图 6.72　一往情深

图 6.73　满载而归

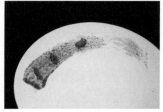

图 6.74　欣欣向荣

思考与练习

烹饪装饰的方法有哪些?

［知识拓展］

糖塑造型艺术

糖塑，又称"糖雕"，采用糖粉和脆糖工艺制作，造型优美，色彩浮翠流丹，常常令人耳目一新。其中，由糖粉与蛋清、柠檬汁制成的糖粉膏，通过使用不同的裱花嘴，不仅可以挤出不同的花朵、叶子、人物及动物造型等，而且还能用于大型蛋糕的挂边、挤面、拉线装饰；由糖粉与蛋清、鱼胶、葡萄糖、色素、柠檬汁制成的糖粉面坯制品，是各种高级宴会甜点装饰、各种大型结婚蛋糕、立体装饰物常用的装饰品；由白砂糖、葡萄糖和柠檬酸上火熬至特定的温度，加入各种颜色的色素，又成为一种独特的装饰原料——脆糖。用脆糖可制成花朵、树木、树叶等，制品形象逼真、晶莹剔透、色彩斑斓、立体感强，在室温下可保持较长时间，制品不易因受潮、受热而变质。因此，脆糖是制作大型装饰品的首选品种。

1. 糖塑工艺的特点

①成品具有独特的金属光泽，晶莹剔透，高贵华美。

②色泽鲜艳，表现力强。

③保存和展示时间长。

④既能欣赏，又能食用。

⑤粘接组合方便。

⑥原料可重复使用，避免浪费。

2. 糖塑原料

（1）蔗糖

蔗糖俗称食糖，是由一分子葡萄糖和一分子果糖以 α 键连接而成的一种双糖。主要来源是甘蔗加工而成的白砂糖和甜菜加工而成的绵白糖，其中以白砂糖应用最为广泛。

（2）冰糖

冰糖是蔗糖的结晶再制品，按加工方式的不同，可以分为单晶冰糖和多晶冰糖，常作为糖塑的原料。

（3）糖醇

单糖的羰基被还原生成糖醇，糖醇主要有山梨糖醇（山梨醇）、木糖醇、异麦芽酮糖醇（Isomalt，又称艾素糖醇、益寿糖、帕拉金糖醇）等，是食品工业中常用的甜味剂，具有吸湿性弱、抗还原能力强等特点，在较高的温度和较大的湿度下也不会发生发烊、返砂等现象，作品光泽度好，是制作糖塑的最佳原料之一。

（4）葡萄糖浆

在熬糖过程中加入适量糖浆，作用是使作品鲜艳明亮，有效地抑制返砂，延缓糖体的凝固速度，便于拉糖。

（5）色素

用于调色，最好是选用油溶性色素，其色彩鲜艳，浓度高，不易返砂。如果是选用水油兼溶的色素，因色素中含有一定的水分，会影响糖塑效果。

（6）酒精

主要用于酒精灯作燃料用，有时也可用于制作气泡糖。

3. 糖塑工具

（1）熬糖锅

以选用较厚的复合底不锈钢锅为宜，因锅壁较厚，升温和散热较慢，所以适合制作糖塑。也可用普通不锈钢锅代替。

（2）恒温糖灯

白钢制造，有加热器、温控器、漏电保护器、工作指示灯、电源指示灯等。用途是加热糖体，使糖体保持恒定的温度，便于拉糖吹糖。

（3）酒精灯

主要用于糖塑制品零件的粘接组装，酒精灯烤糖体，不易烤糊，糖体粘接较为牢固。

（4）不粘垫

拉糖作业时必备，也可以用于烘烤，当糖体完全熔化时，倒在不沾垫上，待糖体冷却后，很容易将糖体取下来。

（5）乳胶手套

作用有两个，一是防止手部皮肤与糖体相粘，以免烫手；二是干净、卫生。

（6）剪刀

切割糖体、剪花瓣、压痕时使用。操作时剪刀不可粘贴杂物。

（7）花卉 / 叶模

用仿真叶子及花瓣的制作。糖体软化后剪出所需的形状，放置模具中间，用另一半模具压出纹络。

（8）温度计

熬糖浆时测量温度使用，选用的温度计以最大刻度 200 ℃红色指数为宜。

4. 糖塑基本手法

（1）拉糖

初始拉糖的目的，一是将糖体降温，二是在糖体中冲入少量气体，使糖体增加光泽。当糖体的温度在 70~80 ℃时，就可以开始操作。完成拉糖之后正好是 60 ℃左右的操作温度。

在使用任何糖体前，应先在常温下放置半天，目的是使糖体的温度和环境温度保持一致，在专用加热器上逐渐加热，并且要多次翻动，使糖体再次变软。操作环境的温度在 22~26 ℃，相对湿度应低于 50%。

（2）吹糖

吹糖是挤压气囊将气体鼓入柔软的糖体中，使糖体在气流压强下产生膨胀，然后进行艺术造型的方法。吹制糖品时必须掌握糖的特性，因为吹糖时，糖体具有相对的湿度，必须一边鼓气、一边造型，技巧性的手法太多。

（3）淋糖

将糖浆趁热淋在不粘垫上呈现出各种图案或者文字。待糖浆冷却定型后取下即可使用，一般作为背景、装饰、支架、底座等使用。

（4）翻模

翻模就是将熬好的糖浆趁热倒入各种各样的硅胶模具中，等糖浆冷却定型后取出即可，这样做出的糖塑作品晶莹剔透。这种方法比较简单，不会糖塑的人，只要有温度计和几只糖塑模具，也能很容易地做出糖塑作品来。

5. 糖塑应用举例

（1）小白兔

①原料：砂糖、葡萄糖浆。

②制法：

a. 吹出小白兔、胡萝卜。

b. 拉出绿叶、藤蔓。

c. 淋出背景糖。

d. 组合在一起（图 6.75）。

图 6.75　小白兔

（2）**事事如意**

①原料：冰糖、葡萄糖浆。

②制法：

a. 吹出两个柿子。

b. 拉出绿叶、藤蔓。

c. 淋少许栅栏形的背景糖。

d. 组合在一起（图6.76）。

图6.76　事事如意

（3）**龙腾**

①原料：冰糖、葡萄糖浆。

②制法：

a. 翻模制出龙身龙爪。

b. 制出气泡糖、珊瑚糖。

c. 淋背景糖。

d. 组合在一起（图6.77）。

图6.77　龙腾

（4）**荷塘夜色**

①原料：砂糖、葡萄糖浆。

②制法：

a. 拉出荷花。

b. 拉出花蕾、花茎、荷叶。

c. 组合在一起。

d. 淋几滴酱汁（图6.78）。

图6.78　荷塘月色

（5）**国色天香**

①原料：冰糖、葡萄糖浆。

②制法：

a. 拉出牡丹花。

b. 拉出花茎、绿叶。

c. 淋出背景糖。

d. 组合在一起（图6.79）。

图6.79　国色天香

项目 7

烹饪综合造型艺术

学习目标

✧ 了解美学在中国烹饪器具造型中的作用，以及菜肴造型与盛器选用的原则；了解餐饮的各种风格，掌握餐饮美食、宴席展台的设计原则与环境的相互关系。

学习重点

✧ 熟悉对饮食环境的选择和利用，掌握筵席设计的基础知识和基本技能。

学习难点

✧ 培养学生欣赏艺术作品的审美能力和创作运用能力。

建议课时

✧ 4 课时。

任务 1　美学在中国烹饪器具造型中的作用

中国烹饪技艺精湛，源远流长；中国烹饪器具种类繁多、历史悠久。"水熟"成为陶器时期烹饪技术的基本特点。青铜烹器的应用，使高温油烹法产生。薄形铜刀的使用，使刀工技法得以形成。铁制炊具良好的导热性促进炒的烹饪技艺的进一步发展。

中国烹饪器具种类繁多、历史悠久，是构成中华饮食文化的重要的组成部分。中国烹饪器具的发展历史，根据几种影响较深远的烹饪器具，按时间的先后和材质工艺的不同大致可以分为五个时期：陶器时期、青铜器时期、漆木器时期、瓷器时期和铁器时期。其中，对烹饪技术发展产生重大影响的主要有陶器时期、青铜器时期和铁器时期。

7.1.1　陶器时期

陶器时期（距今约 8 000 年）产生的器具，是人类最早的烹饪器具。

1）陶器的出现

人类最初的熟食法有火烹法、包烹法、石燔法和石烹法。在漫长的原始生活中，人类发现"包烹法"中包裹于食物上的泥巴或是晒干的泥巴被火烧之后，变得更加结实、坚硬，而且可以防水，于是原始的陶器在偶然间产生了。陶器时期器具的品种主要有灶、釜、甑、盆、罐等（图 7.1）。主要烹饪方法为炊、煮、储、饮。

2）陶器的发展

陶器的发明标志着烹饪器具的诞生，把人类的饮食生活推向一个文明、卫生的新时期。陶器产生之后，陶器很快就得到了发展，有最早的灰陶到红陶，还有彩陶、蛋壳黑陶、商代白陶、西周硬陶，以及汉代的釉陶等。直至今天，陶制的砂煲、茶壶、茶杯、罐、钵、盆、缸等不胜枚举，从中我们不难发现饮食器具造型的艺术。在满足日常需要之余，人类把烹饪与美学很好地结合在了一起（图 7.2）。

图 7.1　陶器

图 7.2　现代陶瓷

7.1.2　青铜器时期（距今约 3 000 年）

1）青铜器的出现

在制陶经验的基础上，人类发明了冶炼术，并开始制作铜器。作为中国饮馔史上的第二代烹饪器具，青铜器曾在历史上产生过巨大影响。青铜具有熔点低、易锻造、硬度高、不易锈蚀等优点。青铜既具有石器坚硬的特点，又具有陶器的可塑性，弥补了陶炊具易碎的不足。因此，随着青铜烹饪时代的到来，青铜逐步取代了陶。

2）青铜器在饮食器具上的发展

食器可分为饪食器与盛食器两大类。饪食器有鼎、鬲、甗；盛食器有簋、敦、豆、盆等。从各朝代青铜器发展情况看，商殷重铸酒器，西周突出食器发展，春秋战国是"钟鸣鼎食，金石之乐"的铜器鼎盛时期。

我们不难发现青铜器具的造型艺术，如图7.3所示，酒杯上的图文清晰可见，还有其造型的独特足以看出在商殷时期，人们就将饮食器具与艺术美学结合在一起。

图 7.3　青铜酒杯

🧁 7.1.3　铁器时期

1）铁器的出现

人们在冶炼青铜的基础上逐渐掌握了冶炼铁的技术。用于烹调的铁鼎大约出现在公元前475年。铁器坚硬、韧性高、锋利，胜过石器和青铜器。

2）铁器的发展

图 7.4　铁制烹饪器具

中国烹饪史中，把秦汉以来铁器的普及使用，作为烹饪发展进入铁烹时代的标志。铁烹时代大致可分为秦汉至南北朝的铁烹早期、隋唐至南宋的铁烹中期、元明清时代的铁烹盛期和辛亥革命以后至今的现代铁烹时期。汉代以来，不仅有生铁铸的鼎、釜、甑、炉等器具，很明显这些器具都带有一些花纹或者图案。由此可见，人们一直不仅仅只是烹饪，更多地是在研究美学，单单是味觉上的享受已经不能满足大众。隋唐以后，各类烹饪铁器有了明显改进，加热器具由厚变薄，形制不断推陈出新。元明清时期，各种铁制烹饪器具的制作技术更加先进，样式更加繁多。这些都说明了美学与烹饪的紧密联系，以及它的必要性（图7.4）。

思考与练习

简述中国烹饪器具的发展。

👨‍🍳 任务 2　菜肴造型与盛器选用的原则

菜肴造型是指利用烹饪原料的可塑性及其自然形态，结合刀工刀法和一些相关技法，创造出来的具有一定可视形象的立体图形。

造型是中国烹调工艺的重要组成部分，是食用审美的重要内容，它主要包括凉菜造型和热菜造型两大部分。

🧁 7.2.1 中国菜肴造型的基本原则

1）实用性原则

实用性，即食用性，有食用价值，不搞"花架子"，防止中看不中吃。这是一条总的原则，是菜肴造型的基本前提条件。菜肴造型，实际上是以食用为主要目的的一种特殊造型形式，它不同于其他造型工艺。如果造型菜肴不具备食用性或者食用性不强，也就失去了造型的意义和作用，不可能有生命力和存在价值。尤其是凉菜造型更要注意食用性。一些传统的彩色拼盘食用性差，有的根本不能食用，究其原因，一是生料多；二是使用色素；三是工艺复杂，花费太多时间；四是卫生差，于是名曰"看盘"，即只能看，饱饱眼福，不能食用。中国传统烹饪文化，对于现代厨师来说，一定要用"扬弃"的观念来继承，不能盲目效仿。"看盘"，在现代饮食生活中，已没有实际意义。

菜肴造型的食用性，主要体现在两个方面：

①色香味质要符合卫生标准，调制要合理，不使用人工合成色素。

②造型菜肴要完全能够食用，要将审美与可食性融为一体，诱人食欲，提高食兴。

2）技术性原则

技术性，是指应当具备的知识技能和操作技巧。烹调原料从选料到完成菜肴造型，技术性贯彻始终，并且起着关键作用。中国菜肴造型的技术性主要体现在四个方面：

（1）扎实的基本功是基础

烹调工艺的基本功，是指在制作菜肴过程中必须熟练掌握的实际操作技能。菜肴造型技艺的基本功主要包括：

①选料合理，因材施用，减少浪费，物尽其物。

②讲究刀工，刀法娴熟，切拼图形快速准确。

③原料加热处理适时适宜，有利于菜肴造型。

④基本调制技能过关。

⑤懂得色彩学的基本知识，并能灵活运用。

菜肴造型技术，是一定基本功的客观反映；扎实的基本功，为菜肴造型提供了技术基础。

（2）充分利用原料的自然形状和色彩造型是技术前提

中国烹调原料都有特定的自然形状和色彩。尽可能充分利用原料的自然形状和色彩，组成完美的菜肴造型，既遵循自然美法则，又省工省时，是造型技术的重要原则。例如：黑白木耳，形似一朵朵盛开牡丹花，西红柿形如仙桃一般等。如果在表现技法上加以适当利用，使形、情、意交融在一起，能收到强烈的表现效果。

（3）造型精练化是技术关键

从食用角度看，菜肴普遍具有短时性和及时欣赏性，造型菜肴也同样如此。高效率、快节奏，是现代饮食生活的基本特点之一，尤其是在饮食消费场所，客人等菜、催菜，十分影响就餐情绪，弄不好容易造成顾客投诉。造型菜肴要本着快、好、省的原则完成制作全过程，一是要作充分准备；二是精练化，程序和过程宜简不宜繁，能在短时间内被人食用；三是在简洁中求得更高的艺术性，不失欣赏价值。

（4）盛具与菜肴配合能体现美感是充要条件

不同的盛具对菜肴有着不同的作用和影响，如果盛具选择适当，可以把菜肴衬托得更加美丽。盛具与菜肴的配合应遵循以下原则：

①盛具的大小应与菜肴分量相适应。

a.量多的菜肴使用较大的盛具，反之则用较小的盛具。

b.非特殊造型菜肴，应装在盘子的内线圈内，碗、炖盆、砂锅等菜肴应占容积的80%~90%，特殊造型菜肴可以超过盘子的内线圈。

c.应给菜盘留适当空间，不可堆积过满，以免有臃肿之感。否则，既影响审美，又影响食欲。

②盛具的色彩应与菜肴色彩相协调。

a.白色盛具对于大多数菜肴都适用，更适合于造型菜肴（图7.5）。

b.白色菜肴选用白色菜盘，应加以围边点缀，最好选用带有淡绿色或淡红色花边盘盛装。

c.冷菜和夏令菜宜用冷色食具，热菜、冬令菜和喜庆菜宜用暖色食具。

③菜肴掌故与器皿图案要和谐。

中国名菜"贵妃鸡"盛在饰有仙女拂袖起舞图案的莲花碗中，会使人很自然地联想起能歌善舞的杨贵妃醉酒百花亭的故事。"糖醋鲤鱼"盛在饰有金鱼跳龙门图案的鱼盘中，会使人情趣盎然，食欲大增。

④菜肴的品质应与器皿的档次相适应。

a.高档菜，造型别致的菜选用高档盛器。

b.宁可普通菜装好盘，也不可好菜装次盘。

3）艺术性原则

菜肴的艺术性，是指通过一定的造型技艺形象地反映出造型的全貌，以满足人们的审美需求，它是突出菜肴特色的重要表现形式，能通过菜肴色、形、意的构思和塑造，达到景入情而意更浓的效果。

中国菜肴造型的艺术性主要表现在以下两大方面：

（1）意境特色鲜明

意境，是客观景物和主观情思融合一致而形成的艺术境界，具有情景相生和虚实相成以及激发想象的特点，能使人得到审美的愉悦。中国菜肴造型由于受多种因素的制约，使意境具有其鲜明的个性化特色。

①菜肴造型受菜盘空间制约，其艺术构想和表现手法具有明显的浓缩性。

②艺术构想以现实生活为背景，以常见动植物烹饪原料形态为对象，是对饮食素材的提炼、总结和升华，强调突出事物固有的特征和性格。

③艺术构想以食用性为依托，以食用性和欣赏性的最佳组合为切入，以进餐规格为前提，以深受消费者认可和欢迎为出发点，以时代饮食潮流为导向。

④艺术构想必须具有很强的可操作性，要使技术处理高效快速，简洁易行，好省并存。

⑤艺术构想的内容和表现形式受厨师艺术素养的制约。丰富和提高厨师的艺术素养，是菜肴造意的基础。

⑥造意手法多样，主要表现为比喻、象征、双关、借代等。

a.比喻：是用甲事物来譬比与之有相似特点的乙事物，如"鸳鸯戏水"是用鸳鸯造型来比喻夫妻情深恩爱。

　　b.象征：象征是以某一具体事物表现某一抽象的概念。主要反映在色彩的象征意义和整个立体造型或某一局部的象征意义等方面。这里就色彩的象征意义作一说明：

红色——象征热情、奔放、喜庆、健康、好运、幸福、吉祥、兴奋、活泼

橙色——象征富丽、辉煌

黄色——象征伟大、光明、温暖、成熟、愉快、丰收、权威

灰黄——象征病态

绿色——象征春天、生机、兴旺、生命、安静、希望、和平、安全

白色——象征光明、纯洁、高尚、和平、朴实

黑色——象征刚健、严肃、坚强、庄严

蓝色——象征宽广、淡雅、恬静

紫色——象征高贵、娇艳、爱情、庄重、优越

褐色——象征朴实、健康、稳定、刚劲

　　c.双关：指利用语言上的多义和同音关系的一种修辞格。菜肴造型多利用谐音双关，如"连年有余鱼"等。

　　d.借代：指以某类事物或某物体的形象来代表所要表现的意境，或以物体的局部来表现整体，如"珊瑚桂鱼"是借鳜鱼肉的花刀造型来表现珊瑚景观。

　　（2）形象抽象化

　　菜肴造型的形象特征表现为具象和抽象两大类。具象主要是指用真实的物料表现其真实的特征，在形式上主要表现为用真实的鲜花等进行点缀，以烘托菜肴的气氛。

　　抽象化是造型菜肴最主要的艺术特征，它不追求逼真或形似，只追求抽象或神似。因此，在艺术处理上通常表现为简洁、粗犷的美。

　　在上述三大原则中，实用性是目的，技术性是手段，艺术性对实用性和技术性起着积极的作用，三者密不可分。

7.2.2　菜点盛器的应用

　　中国烹饪历来讲究美食美器。一道精美的菜点，如能盛放在与之相得益彰的盛器中，则更能展现出菜点的色、香、味、形、意来。再则盛器本身也是一件工艺品，具备了欣赏价值，如选用得当，不但能起到衬托菜点的作用，还能使宾客得到一种视觉艺术的享受。

1）盛器大小的选择

　　盛器大的可在50厘米（20英寸）以上，冷餐会用的镜面盘甚至超过了80厘米。盛器小的只有5厘米左右（2英寸），如调味碟等。盛器大，盛装的食品也多，可表现的内容也较丰富。盛器小，盛装的食品也少，可表现的内容有限。因此，盛器大小的选择是根据菜点题材的要求、原料的大小和食用人数的多少来决定的。

　　要想表现一个题材较大、内容较丰富的菜点，就须选用较大的盛器。如山水风景造型的花色冷盘，有足够的空间才能将风光充分地展现出来，将山水的气势表达出来。大型原料，如整只的烤鸭、烤猪、烤全羊、澳洲龙虾等，也必须选用足够大的盛器，并且可以配上加以点缀的辅料。在举办大中型冷餐会和自助餐时，由于客人较多，又是同时取食，为保证食物

的供应，也须选用大型的盛器。如果要表现厨师精湛的刀工技艺，可选用较小的盛器。如烹饪展台上的蝴蝶花色小冷碟，盛器只有 10 厘米大小，但里面用多种冷菜原料制成的蝴蝶栩栩如生，充分体现了厨师高超的刀工技术与精巧的艺术构思。此外，就餐人数少食用的原料量也就少了，盛器自然就选用小型的了。

一般情况下，大——象征了气势与容量，小——则体现了精致与灵巧。因此，在选择盛器大小时，尤其是在展示台和大型高级的宴会上使用时，要与表达的内涵相结合。

2）盛器造型的选择

盛器的造型可分为几何形和象形两大类。几何形的一般多为圆形和椭圆形，是饭店酒家日常使用最多的盛器。另外还有方形、长方形和扇形的，这也是近年来使用较多的盛器。象形盛器可分为动物造型的、植物造型的、器物造型的和人物造型的。动物造型的有鱼、虾、蟹和贝壳等水生动物造型的，也有鸡、鸭、鹅等禽类动物造型的，还有牛等兽类动物造型的和爬行动物造型的；有蝴蝶等昆虫造型和龙、凤等吉祥动物造型的。植物造型的盛器有树叶、竹子、蔬菜、水果和花卉造型的。器物造型的有扇子、篮子、坛子。人物造型有福建名菜佛跳墙使用的紫砂盛器，在盛器的盖子上塑了一个和尚的头像。还有民间传说中八仙的造型，如宜兴紫砂八仙盅等。

盛器造型的主要功能就是点明宴席与菜点主题，引起食用者的联想，增进食欲，达到渲染宴席气氛的目的。因此，在选择盛器造型时，应根据菜点与宴席主题的要求来决定。如将糟溜鱼片盛放在造型为鱼的象形盘里，鱼就是这道菜的主题，虽然鱼的形状看不出了，但鱼形盛器将此菜是以鱼为原料烹制的主题给显示出来了。再有将蟹粉豆腐盛放在蟹形盛器中，将虾胶制成的菜肴盛放在虾形盛器中，将蔬菜菜肴盛放在白菜形盛器中，将水果甜羹盛在苹果盅里等，都是利用盛器的造型来点明菜点主题的典型例子，同时也能引发食用者的联想，提高了食用者的品尝兴致。

在喜庆宴会上，将菜肴"年年有余"（松籽鱼米）盛在粮仓形的盛器中，则表达了主人盼望在来年再有个好收成的愿望。在寿宴中多用桃形的器皿盛装冷菜，汤羹或甜品等，则桃形盛器点出了"寿"这个宴席主题，渲染了宴席贺寿的气氛。在"八仙宴"中选用八仙人物造型的盛器来盛装菜点，就能将"八仙"这个主题给突现出来，同样起到了渲染宴席气氛的作用，进而激起客人的联想与食欲。

其次是盛器本身的各种造型能起到美化菜点形象的作用。如将扒素菜四宝盛放在蝴蝶形的盛器中，就成了一道造型生动优美的工艺菜了。同样，将扒植物四宝盛放在扇形盛器中，就比盛放在圆形盛器中要美观逼真的多。再如将三文鱼、金枪鱼刺身放在船形竹器中，将象形点心放在篮子盛器中，都是利用盛器美化菜点的典型例子。

另外，盛器造型还能起到分割和集中的作用。如果一道菜肴有多种口味让客人品尝，就得选用多格的调味碟。可在多格调味碟中放以芥末、酱油、茄汁、椒盐、辣椒酱等调料供客人选用。如将一道菜肴制成多种口味，而又不能让它们相互串味，则可选用分格型盛器。如"太极鸳鸯虾仁"，盛放在太极造型的双格盘里，这样既防止了串味，又美化了菜肴的造型。有时为了节省空间，则可选用组合型的盛器，如"双龙戏珠"组合紫砂冷菜盆。这样使分散摆放的冷碟集中起来，既节省了空间又美化了桌面。

总之，菜点盛器造型的选择要根据菜点的原料特征、烹饪方法及菜点与宴席的主题等来决定的。

3）盛器材质的选择

盛器的材质种类繁多，有华贵靓丽的金器银器，古朴沉稳的铜器铁器，锃亮照人的不锈钢盛器，制作精细的锡铝合金等金属盛器；也有散发着乡土气息的竹木藤编盛器，有粗犷豪放的石头和粗陶盛器，也有精雕细琢的玉器和象牙；有精美的瓷器和古雅的漆器，也有晶莹剔透的玻璃和水晶盛器；还有塑料、搪瓷、纸质盛器等。

盛器的材质特征都具有一定的象征意义。金器、银器象征着荣华与富贵，象牙、瓷器象征着高雅与华丽，紫砂、漆器象征着古典与传统，玻璃、水晶象征着浪漫与温馨，铁器、粗陶象征着粗犷与豪放，竹木、石器象征着乡情与古朴，纸质与塑料盛器则象征廉价与方便，搪瓷、不锈钢盛器象征着清洁与卫生等。

设计仿古宴席，除了要选用与那个年代相配的盛器外，还要讲究材质的选择。如"红楼宴"与"满汉全席"，虽然时代背景都是在清朝，但前者是官府的家宴，而后者则是宫廷宴席。"红楼宴"盛器材质的选择相对要容易些，金器、银器、高档瓷器、漆器、陶器等，只要式样花纹等符合那个年代的即可使用（图7.6）。而"满汉全席"盛器材质的选择要求相对严格些，不论是真品还是仿制品，都要符合当时皇宫规定的规格与式样（图7.7）。设计中国传统宴席如药膳，盛器则可选用紫砂陶器，因为紫砂陶器是中国特有的，能将药膳地域文化的背景烘托出来。设计地方特色宴席，如农家宴、渔家宴、山珍宴等，则可多选用一些竹木藤器、家用陶器、沙锅瓦罐等，以体现当地的民俗文化，使宴席充满浓浓的乡土气息。

图 7.6 "红楼宴"盛器

图 7.7 "满汉全席"盛器

在选择盛器材质时，有时还要考虑客人的身份、地位和兴趣、爱好等。如客人需要讲排场，又有一定消费能力的，可以选用金器、银器，以显示他们的富有和气派。如客人是文化人，则可选用紫砂、漆器、玉器或精致的瓷器，以体现他们的儒雅和知识。情人节则可选用玻璃器皿，让情侣们增添一份浪漫的情调。

此外，盛器材质的选择还要结合饭店酒家本身的市场定位与经济实力。如定位于高层次的，则可选择金器、银器和高档瓷器为主的盛器；定位于中低层次的，则可选择以普通陶瓷器为主的盛器；定位于特色风味的，则要根据经营内容来选择与之相配的盛器，如经营烧烤风味的，可选用以铸铁、石头等为主的盛器。有的酒店可根据具体情况搭配交插使用。

总之，选择盛器材质时，但无论选择那种材质制成的盛器，都必须要符合食品卫生的标准与要求。

4）盛器其他方面的选择

盛器的选择还包括对颜色与花纹的选择和使用功能的选择等。

盛器的颜色对菜点的影响也是重要的。绿色蔬菜盛放在白色盛器中，会给人一种碧绿鲜嫩的感觉，如果盛放在绿色的盛器中，感觉就差多了。金黄色的软炸菜品或雪白的菜品，放在黑色的盛器中，强烈的色彩对比，使人感到菜品色香诱人，雪白的则更加晶莹可爱，食欲也会为之而提高。有一些盛器饰有各色各样的花边与底纹，运用得当，能起到烘托菜点的作用。

盛器功能的选择主要是根据宴会与菜点的要求来决定的。在大型宴会中，为保证热菜质量，就要选择具有保温功能的盛器。有的菜点需要低温保鲜，需选择能盛放冰块而不影响菜点盛放的盛器。在冬季，为了提高客人的食用兴趣，还要选择便利、安全的能边煮边吃的盛器等。

思考与练习

1. 简述中国菜肴造型的基本原则。
2. 简述菜点盛器的应用选择原则。

任务 3　筵席展台设计的方法

筵席是烹饪艺术的最高表现形式，审美的最佳效应常常体现在筵席设计和饮食环境上。筵席由各种菜点组成，但是筵席展台的设计，却又不同于一般的酒席，更不是菜点的罗列和堆砌，作为一个整体和系统，它有着自身的规律，有着自己独立的审美追求和艺术表现形式。

7.3.1　筵席的特点

筵席与人们日常饮食有着明显的区别，筵席的特点是：

1）聚餐式

它是多人围坐、畅谈、欢宴的一种饮食方式，参加者有主人、有客人，主宾是筵席的中心人物。因为是隆重聚餐，又有一定的目的，所以菜点丰盛，礼仪讲究。

2）规格化

它要求菜点配套、花色丰富、口味多样、工艺精湛，并按照冷碟、热炒、大菜、甜菜、点心、蜜饯、水果的不同类别，成龙配套，构成完整的席面。

3）社交化

筵席是人类社会文明的产物，它是人们之间互相交往的一种方式。人们通过举办筵席表达对宾客的礼仪，对特定事件的庆贺和纪念，举办筵席可以为就餐者进行交流创造一个融洽和谐的环境。当今世界各国都重视运用筵席方式开展公共关系活动，以推进目标事业的实现。

🧁 7.3.2 筵席的设计

筵席是烹饪技艺的集中反映和饮食文明的表现形式之一。烹调原料的利用、珍馐佳肴的质量、食器酒具的配备、厨师技艺的高低，以及筵席设计和接待中所包含的文化素养与习俗风尚等，都能在筵席中体现出来。

筵席设计就是针对一定筵席的目的和要求，精心寻找和构造，满意地完成筵席任务的规划活动。现代科技日新月异，现代社会日益开放，经济和旅游业迅速发展，人们对饮食烹饪的质量要求更高。筵席提供的饮食不再是"鱼山肉海"式地填饱肚子，还需要科学营养以养身益体，需要关注舒适愉悦的美学精神，要完成这样的任务，就必须搞好筵席设计。

筵席设计是为餐饮者筵宴需要服务的，在筵席设计中包含着人们对筵席审美的需求，比如体验筵席主题的意境美、享受筵席流动过程的节奏美、品尝菜点色香味形多种美、接受服务人员的温馨与礼仪美，以及筵席过程中参与乐舞游戏活动的欢愉等，在这些广阔的审美空间里，人们的审美触觉可以自由伸展，获取自己所需要的审美对象，并从中获得多重的满足。筵席设计就必须为适应以上的需求创设可供人们审美的对象，尽可能按审美的要求使之设计艺术化和美化。其主要内容有以下四个方面：

1）注重情趣格调美

筵席是吃的艺术、食的礼仪。根据筵席的目的，分析确定要表现的中心思想，即主题。筵席设计要力求表现主题，创造意境，使人们充满情趣。

筵席设计时，应当深刻分析餐宴者的审美心理，依据各种分析，调动多种设计手段，诸如工艺、美术、音乐、餐厅装饰、餐具、服务方式等，来表现主题，使每一部分、每一环节都成为表现主题的有机组成部分，以创造美的意境，给人以美的享受。比如北京来今雨轩饭庄在餐厅环境、菜点命名与搭配、菜点艺术加工、服务员服饰等方面，紧紧围绕展示"红楼宴"这一主题，构成一个优雅轻快的"红楼"意境。来今雨轩饭庄坐落在中山公园内，游廊前一泓碧水，荷叶青青，墙外瀑布飞花溅玉，近处雕梁画栋，小桥流水，回廊小亭，在蒙蒙烟雨里，平添了无限恬静和自然。饭庄坐落在这样的风景中，为参加"红楼宴"的人们提供了一个宜人的环境，把酒凭栏，诗情画意尽入杯中。依据《红楼梦》所描述的宫廷茶食，府宅名点，村野小吃，研制、设计出红楼菜点，其中有"雪底芹芽""怡红祝寿""乌龙戏珠""胭脂稻米饭"等，从菜名就反映出浓厚的文学色彩，文化艺术与烹饪艺术已被融为一体。宴饮者坐在来今雨轩餐厅，品尝着精制美观的红楼菜点系列，聆听着中国古典名曲，恍如进入了大观园之境，酒足饭饱之余，畅神怡情，别有一番情趣。

2）菜单编排设计美

筵席设计，主要内容是编排菜单。菜单是筵席的示意图和加工图，通过菜单可以反映筵席菜点数量、组合搭配、烹制方法、风味特色、礼仪规格等。

菜单也可以说是一个饭店的门面。筵席菜单设计的好坏，甚至菜名书写得美不美，对塑造饭店形象起着不可忽视的作用。菜单更是一种文化，人们参加筵席，在很大程度上是追求一种精神的享受。这种享受，只能从就餐环境、礼仪、服务等构成的文化氛围中得到。菜单，便是构成这一文化氛围的一个因素。一个设计、书写臻于完美而透着高雅之气的菜单，给人的愉悦之感，引人产生的美好回忆，是别的地方所不能代替的。

1993 年 4 月 27 日，举世瞩目的海峡两岸的"汪辜会谈"揭幕了，为了庆祝这一盛会，大陆一行在新加坡董宫酒店宴请了"台湾"一行。当酒店得知将为海峡两岸同胞承办盛大酒会后，立即进行了精心的准备。当主客寒暄甫毕，一落座，就被酒店呈上的菜单所吸引。只见新颖别致的菜单上醒目地列着九道菜点："情同手足、龙族一脉、琵琶琴瑟、喜庆团圆、万寿无疆、三元及第、兄弟之谊、燕语华堂、前程似锦。"这张别出心裁的菜单，把大陆、台湾两岸同胞今日欢聚、骨肉情谊的气氛一层一层地烘托出来，一时引起桌旁人们的强烈共鸣。其实，菜肴均是过去已有的中式菜肴，只不过厨师刻意为之加上了喜人的名称罢了。当服务小姐端出菜肴并一一解释时，不禁令主客兴趣与食欲同增。如"三元及第"是用新加坡三种名贵鲜鱼搓成鱼圆子氽汤；"兄弟之谊"系木瓜素菜，取诗经"投之以木瓜，报之以琼瑶"之意；"燕语华堂"为荷叶饭；"前程似锦"则是水果拼盘。精美的菜肴、喜庆的名字，使两岸人员喜不自禁，皆大欢喜，出席宴会的 22 个人，全部在菜单上签名留念。

3）次序得当节奏美

每一首乐曲，有序曲、有高潮、有尾声，音乐中的节奏形成了一定的韵律之美。每一场筵席，有冷碟、有热炒、有主菜、有茶点、有酒饮、有热汤，先上什么，后上什么，哪些菜要快上，哪些菜要慢上，都有一定的次序程式，形成带有韵律的节奏美。

筵席是酒饮、菜肴、面点、水果四类的集合。在每一组之间，每一道菜之间，以及在总体上都受到形式美法则的指导。中餐筵席的上菜次序，各大菜略有不同，一般是：冷盘、热炒、大菜、汤菜、炒饭、面点、水果。粤菜的上菜次序则是：冷盘、羹汤、热炒、大菜、青菜、面点、炒饭、水果，上青菜则表示菜已全部上齐。海外宾朋大多习惯于西餐吃法，先上汤菜的广东菜程式则比较能适合他们先喝汤的饮食习惯。近年来，其他菜系也在不断改进，许多地方的饭店都把筵席上汤的时间提前了，有的则先后上了两道汤，以适应客人的习惯。

先冷后热。冷菜其性情凉，慢慢品尝不会变味，节奏是缓慢的，而热菜上桌以后，就要即食，节奏加快。

先主后次。热菜中皆有主菜，或称为大菜，燕菜席中，燕窝为主菜；鱼翅席中，鱼翅为主菜，首先上主菜，然后上其他菜。

先荤后素。荤素搭配，合理营养，是筵席设计的一条原则。先吃醇厚的荤菜口舌生辉，食欲增加，但油腻较重以后，上清淡的素菜使眼目为之一新，人的口感得到调和。

先咸后甜。这是人们品味的习惯，顺乎口感，也有促进食欲的好处。如果先甜后咸，那么，吃到后面的菜，就分不出什么味了。

先菜后点。整桌筵席以汤、水果作尾声。

酒在筵席中有锦上添花的妙用。筵席菜单的先后次序往往是围绕酒做文章的。先上冷碟是为了劝酒，后上热菜是为了佐酒，再上甜菜是为了解酒，最终备茶果是为了醒酒。考虑到饮酒时吃菜较多，筵席调味总体偏淡，而且松脆香酥的油炸和菜汁、果羹、青菜都占有一定的比例。"无酒不成席"从某种意义上讲，筵席的菜点是跟酒走的。

4）餐桌布局台面美

筵席设计对于餐饮环境以及餐桌台面都要精心安排，加强艺术布置。因为，它既有主宾居首、主人居次的礼节习俗上的要求，又有对称、均衡等形式美的构图要求，也有方便进餐，方便服务的功能尺度要求。这三者互相配合，缺一不可。

目前，在接待中采用的筵席形式，主要有中餐宴席、西餐宴席和中西结合的酒会。从筵席的环境布置来说，只要性质和要求相近，布置的规格等级和布置的具体安排也应基本相同。有祝酒仪式、会见仪式的隆重宴会，应布置会见厅，并要有较高规格的绿化衬托。有主席台设施的宴会厅，台上要布置如"欢迎……""庆祝……"之类的会标，以表明宴会的性质。设有主席台的宴会厅，要在主桌后面用花坛、花屏或大型盆景等布置一个重点装饰面。宴会厅的布置还要适应接待对象的身份和体现筵席的性质，如庆祝节日筵席要有喜气洋洋的气氛，会见来宾的筵席要有活泼热情的气氛等。

中餐筵席大多数是用大圆台，餐桌排列要突出主桌的位置，一般是放在大厅居中部位。其他餐桌在突出主桌的基础上，有规则地对称排列，形成团结热情的气氛。较为隆重的宴会，餐桌上往往要铺设花围，环绕转台铺花一圈。花围一般用枝细、平整的山草、枫叶、松叶等衬底，上面用山茶、菊花、白兰、丁香等鲜花组成民族形式的图案。铺设花围要讲究艺术，富有意义，如松针、柏枝表示友谊长青，天竺果、万年青代表喜悦和长寿。如果用倒挂金钟、绣球、迎春、雪柳等花朵铺出类似"热烈欢迎""友谊长存"等祝词的花围，就更能烘托宴会的气氛。一般筵席不用铺设花围，但在餐桌上应放置花束，可以使用塑料花上喷洒一点儿加香水的清水，给人以清香的感觉。

西餐筵席一般使用长台，并根据参加宴会人数和厅室形状，将餐台居中排成"一"字形、"丁"字形或马蹄形等。主宾席位安排在台形的中间。西餐台面应有铺花。铺花的办法可以用连接的长形图案贯穿整个餐台，也可以用长短相间的图案，在空当部位放置其他装饰品或插花，布置时要注意两端对称，铺花内容可与中餐花围相似。有条件的还可以在餐台上摆放蜡烛台、艺术品等。

酒会是从外国传来的一种大型冷餐会，是西方国家上层人士和社会名流集会交往的一种传统方式。酒会会场布置有设座和不设座两种。不设座的酒会，一般适用于晚舞会和具有特定内容的庆祝会。设座的酒会一般适用于欢迎、欢送会，以及各种招待会。客人在酒会规定的时间内可以自由来去，随意走动，互相交流，气氛轻松。

筵席大多带有时代色彩和社会烙印，在不同的场合都有不同的筵席规格和膳食配制特色。对于筵席的概念，世界各国因历史文化、民族习俗和经济状况不同而有很大差异。当今世界许多国家，特别是现代科学文明发达国家，他们的宴会观念也趋向现代化。他们举办宴会，是重在"会"上，即着重创造一个与交往目标相称的宴会气氛；着重利用宴会这种特定的聚会方式表达礼仪和进行交流。而对宴会筵席的食品则强调适量、精美和显示水平特色为主。如日本国首相宴请我国领导人的菜单是：烤面点、鸭肉清汤、比目鱼卷、特制牛排添黄酱、黄油土豆、莴苣沙拉、特制杏子冻和点心、咖啡。英国女王宴请我国领导人的菜单是：熟蛋芦笋、烩鸡和鸡肝、炒饭，配菜有胡萝卜、菠菜，甜食为鸡蛋布丁，还有草莓奶酪。从这些菜单中我们可看到，他们对宴会筵席的食品安排数量适中，品种也不多，不猎奇求珍，大都是常见食品，荤素菜肴和主副搭配适宜，符合营养构成均衡的原则。

我国有些地区设置的筵席多数是重"筵"，而不重"会"，强调菜肴丰盛，量多有余，以菜肴酒水的贵贱和多少来衡量办宴者情礼的深浅。这种重"筵"轻"会"的宴会观念应予更新。我们既要看到中国传统饮食文化特别是筵席文化的辉煌，也要看到传统饮食文化和筵席观念存在局限性和弊端的一面。我们要顺应时代潮流，把传统筵席文化与现代营养饮食科学结合起来，破除落后的筵席观念，改变落后的就宴方式，对我国传统的筵席进行必要的改革。

7.3.3 筵席展台设计原则

筵席展台的设计应该体现出整体美。单个菜肴的成功不等同于筵席的成功。成功的筵席必须在整体的统一上给人留下美感。这种整体美表现在：一是以菜点的美为主体；二是由筵席菜单构成的菜点之间的有机统一形成的整体美，这是人们衡量筵席质量的最重要标准。但宴席展台设计还应与主题相适应，包括环境、灯光、音乐、席面摆设、餐具、服务规范等在内的综合性美感。

1）目的性原则

筵席展台之所以不同于一般的筵席，主要体现在展台策划起始于展览目标的选择，落实于展览目标的实现，体现在每一个设计的细节。通常筵席往往只注重菜品本身和节奏，而筵席展台往往都是有一定的主题，设计好坏也不在于花钱多少，不在于是否符合艺术标准，而在于展台能否体现参展企业的形象、风格和意图，能否吸引参观者的注意，展品能否反映出特征和优势，达到参展企业所希望的目的和效果。

2）艺术性原则

有研究表明，在充满竞争的、五光十色的展台环境中，观众对展台的第一眼最关键——能否吸引参观者注意，并产生兴趣，走进产品，进而认可产品。因此展品绝不是把酒店好的产品拿出来简单地拼凑，筵席展台设计应当有艺术性，需要用艺术手法去组合多种因素，比如人间情感、自然科学、社会信息、审美情趣等。这样才能创造出既有独特艺术风格又能表现艺术个性的展台环境。

3）文化导向原则

筵席展台往往都是围绕一定的主题来展开的，它不仅仅只是一个促成购买的经济活动，而应当是富有文化内涵的商业卖点，蕴含丰富的主题文化特色。而文化是一个相当宽泛的概念，筵席展台所展示的文化并非要求企业展现所有的文化，那样泛泛概念上的文化反而会削弱主题的竞争力和吸引力，关键在于文化的独特性、唯一性和对口性。寻找文化，挖掘文化，设计文化，制作文化产品和服务，应是筵席展台设计者最重要、最具体、最花心思和精力的

图 7.8 筵席展台

大事。筵席展台往往围绕一个特定的主题对展台进行装饰，甚至食品也与主题相配合，为顾客营造出一种或温馨或神秘，或怀旧或热烈的气氛，千姿百态，主题纷呈，让顾客在某种情景体验中找到企业的文化内涵及经营特色（图 7.8）。

7.3.4 筵席展台设计要求

1）主题明确、和谐

筵席展台是由很多因素，包括布局、照明、色彩、展品、展架、展具等组成的，好的设计将这些因素组合成一体，完美地呈现主题。一方面就是抓住焦点，通过位置、布置、灯光等手段突出重点，不杂乱无章，同时展品的选择和摆设要有代表性，与展出目标和展出内容

无关的设计装饰应减少到最低程度，简洁、明快是吸引观众的最好办法。另一方面就是使用合适的色彩和布置手法，用协调一致的方式以造成统一的印象，能够吸引注意，明确传达信息，达到展出目的。

2）要以人为本

筵席展台设计首先要考虑人，主要是目标观众的目的、情绪、兴趣、观点、反应等因素。从目标观众的角度进行设计，容易引起目标观众的注意、共鸣，并为目标观众留下比较深的印象。其次要注重展台面积和空间的运用，充分考虑展台工作人员数量和参观者数量及人流安排。拥挤的展台效果不好，还会使一些目标观众失去兴趣，反过来空荡的展台也会有相同的效果。

3）兼顾美观与实用

展台设计时，要全面周到，既要考虑菜品的制作和保质时间，在降低反复制作成本的同时保证展出质量，又要考虑展台结构应当简单，在规定时间内方便装拆。最后还要弄清楚预算标准，在预算内做好设计工作，控制开支。

图 7.9　筵席展台与食物的融合

由此可见，筵席展台设计更重要的是能够充分完成和体现筵席的目的和主旨。由于筵席的种类不同，要求不同，主题不同，规格不同，对象不同，价格不同，所以要根据这些不同做出不同的设计和安排，精心编排菜单，一切都要围绕筵席的目的和主旨服务，使之成为一个完整的统一体。设计整桌筵席时，我们不能仅仅考虑菜肴本身的美味，而要兼顾到菜肴与菜肴之间有可能产生的附加功能和结构功能。例如，筵席中的莲子羹，就不同于一般意义上的点心，它既是对筵席口味上的调节和气氛的渲染，又体现出筵席的风格、等级等。因此，在筵席的整体结构中，菜肴应该是多样的，多样才能多彩，才能有变化；同时又必须是统一的，统一于一定的风格和旨趣，给人以完整的味觉和视觉享受（图 7.9）。

思考与练习

筵席展台设计的原则和要求有哪些？

任务 4　饮食环境的选择和利用

餐饮环境不仅是一个就餐和营业的场所，还是一个特设的使人愉悦的文化场所。餐厅的环境布置和装饰，以及有形气氛的设计，所体现出的意境，可以对顾客就餐产生吸引力，使客人享有愉悦的进食心境。目前，餐饮业竞争十分激烈，人们进餐时不再满足于华馔美肴，往往更关注进食时的环境与氛围，包括饭店、餐厅的地理位置选择，餐厅内部的装潢、摆设及声、光、色的和谐，餐饮工作人员优质的服务以及宴席的精心设计等。可以说，在餐饮经营过程中营造环境气氛和餐饮产品质量是同等重要。而且，餐饮服务现场的环境也体现着餐饮企业的经营特色，是餐饮业外部形象的重要组成部分（图7.10）。

🧁 7.4.1　环境对人们的心理影响

人们的饮食审美效果能否良好，与环境密切相关。如果吃饭场所的环境卫生不好，或有很强的噪声等，这些不良的刺激都有碍饮食的心理卫生，不仅影响食欲，还能影响食物的消化、吸收和利用。而优美的环境能给人带来愉快的情绪，能调节人体的神经系统，促进人体一系列有益于健康的生理活动，如促进唾液、胃液、胰液的分泌，提高食欲；促进胃肠有规律的蠕动，有助于食物的消化、吸收等。例如，一个人进餐时，往往显得

图 7.10　餐厅环境

单调乏味，可使用红色桌布以消除孤独感。灯具可选用白炽灯，经反光罩以柔和的橙黄光映照室内，形成橙黄色环境，消除死气沉沉的低落感。冬夜，可选用烛光色彩的光源照明，或选用橙色射灯，使光线集中在餐桌上，也会产生温暖的感觉。

🧁 7.4.2　创造优美和谐的环境

人在实现果腹型消费以后，对饮食的要求呈现出很大的选择性，餐饮动机的不同就要求为其服务的餐饮环境有所不同。讲究优雅和谐、陶情怡性的宴饮环境，是中国人饮食审美的重要指标。饮食环境包括三种：一是自然环境，二是人造环境，三是两者的结合。这就需要把饭店、餐馆与周围环境结合起来，取得整体和谐统一的视觉效果。

在幽美的山水间饮食，或于田园风光中饮宴，中国自古有之。这幽美的山水、田园风光就是自然环境。魏末"陈留阮籍，谯国嵇康，河内山涛，河南向秀，籍兄子咸，琅琊王戎，沛人刘伶，相与友善，常宴集于竹林之下，时人号为'竹林七贤'。"（《三国志》）。东晋大诗人陶渊明也是诗中有酒、酒中有诗的名家，他"采菊东篱下，悠然见南山"，"盥灌息檐下，斗酒散襟颜"。他在《饮酒二十首》之中写道："故人赏我趣，挈壶相与至。班荆坐松下，数斟已复醉。父老杂乱言，觞酌失行次。不觉知有我，安知物为贵？悠悠迷所留，酒中有深味。"目前，注重在郊外和山水间欢聚宴饮的主要是我国的少数民族。比如，西北地区的"花儿会"，藏族的林卡节、沐浴节，蒙古族的那达慕大会，布依族的查白歌节，羌族的祭山大典，黎族的三月三，苗族的斗牛节、龙船节，彝族的火把节，侗族的花炮节等传统节日，几乎都要在露天或山野间歌舞饮宴。智者乐山，仁者乐水，各得其乐，都可尽欢尽兴。长期生活在闹市里的人，若能到这些民族地区的农村生活一段时间，或去参加他们的节日活动，与之同歌同舞同吃同喝，肯定会留下终生难忘的美好印象。

人造的饮食环境主要指餐厅饭店的环境布置。饭店、餐馆的地理位置的选择，除了反映自然观景的特征，还应注意地方特色、乡土风味和餐厅装修风格的表现。"民族的就是世界的"，酒店餐饮的装修一定要立足于地域特色。无论是菜肴品式还是装修风格，包括工作

人员的选择都应该满足地域文化的特色。比如，北京展览馆的莫斯科餐厅，它的建筑和布置就是俄罗斯风格；颐和园万寿山山腰面向昆明湖的"听鹂馆"，使许多外宾陶醉于中国美食与皇家苑林之中；一些傣味餐馆挂的照片是曼飞龙笋塔、泼水节场面、竹楼及井塔；新疆风味餐馆放的是维吾尔族乐曲；苗族餐馆的墙上挂有芦笙，屏风是用苗族刺绣和蜡染绷的屏布等，这都是为了营造一个与饮食和谐一致的轻松、快乐、富有情趣的氛围，增加特定的情感，力求使客户就餐时有一种归属感，让顾客在享受美食的同时，更获得一种情感的依赖——让那些远离家乡的游子有种宾至如归的感觉；让那些没到过这里的人有种真实的身临其境的体会；让那些曾经到过这里的人，在异地进了他们的风味餐馆有旧地重游的美好回忆。如北京西藏大厦藏餐席间的民歌演唱，阿凡提餐厅的新疆歌舞，蒙古族餐厅里的敬酒歌，苗族餐厅中的芦笙舞，都给人一种永生难忘的美好享受。

如果能充分利用自然美，选择在优美的自然环境中建造饭店、餐馆，能使人们身临其境，或是领略湖光山色的妩媚，或是沐浴树林草地的清新，或是欣赏秀山云海的变幻，能够从观、听、嗅、尝等多方面进行全方面感受，从自然中获得美的享受。如杭州的楼外楼酒家，建于西湖之滨，登此楼可以把酒临风，凭栏赏月，令人胸襟开阔，精神舒畅。广州白天鹅宾馆，它的成功选址，使饭店形象独具风姿，令人迷恋，它背靠沙面岛，面向白鹅潭，环境清新开阔，食客们可以临浏览胜，尽情地享受珠江两岸南国风光。

其实坐在农村的敞廊屋檐下，或坐在庭院的葡萄架下，或坐在竹制和木制的楼上，满目青山，把酒临风，其餐饮环境更是人工与自然的巧妙结合。如今兴起的"农家乐"，究其根源，是对先人们小农生活的依恋和欣赏，是追求"宁静致远""安享太平"的心理反应。久处闹市之忙碌，偶得农舍之闲适，当然是一种调解和享受。

思考与练习

饮食环境为什么关系到人们的饮食审美效果？

[知识拓展]

餐饮环境风格和主题餐厅

现代社会的饮食消费者往往不单纯注重食物的味道，而是非常注重进食时的环境与氛围。要求进食的环境"场景化""情绪化"，从而能更好地满足他们的感性需求。因此，相当多的餐馆，在布置环境、营造氛围上下了很大的功夫，力图营造出各具特色的，吸引人的种种情调。或新奇别致，或温馨浪漫，或清静高雅，或热闹刺激，或富丽堂皇，或小巧玲珑。有的展现都市风物，有的炫示乡村风情。有中式风格的，也有西式风情的，更有中西合璧的。

1.餐厅装饰应遵循的原则

（1）符合顾客的心理要求和生理要求

人们在餐厅进餐，既在进餐中得到休息，又能借此与旅伴交流思想与感情，这就要求餐厅的装饰给人以安静、舒适的感觉。餐厅的装修、照明、色调等，必须注意不要使人增添疲劳感，整个餐厅的空间气氛要力求轻松、安逸、愉快。另外，要求餐厅的装饰美观雅致，提高餐厅的审美价值，增进人们的审美情趣，使人们精神舒畅，获得美的享受。

（2）体现我国传统的民族风格和地方特色

我国具有悠久的历史文化，传统的室内设计是很有特色、很有情趣的，依靠家具、博古架、几案、屏风、帷幕、帘幔等装饰和陈设，把室内环境布置得丰富而有变化，形成中国独有的情调和气氛。我国疆域广大，各地风土人情迥异，室内装饰形式丰富多姿，这些是非常宝贵的人文资源。地方色彩，实际上是民族形式的具体化。餐厅装饰应该注意地方特色和乡土风情的表现，以增加餐厅的艺术魅力，吸引更多的顾客。当然，强调民族风格，不等于排斥外国优秀的装饰艺术，要根据饭店、餐厅的整体设计风格，学习借鉴一切好的经验和做法，既有民族化，又有时代感。

（3）讲究实用经济，用较少的投资取得较大的经济效益和美学效果

在餐厅装饰上，一度曾存在着为装饰而装饰，不讲功能需求和经济效益的倾向，有些餐厅一味追求豪华气派，搞庸俗烦琐的装饰装修，有的更是竭力渲染花天酒地、纸醉金迷的气氛，反映享乐至上的精神状态。这不仅不符合我国的经济条件，更不能反映社会主义的精神文明。餐厅的装饰应坚持实用、经济，在可能条件下注意美观的方针。餐厅装饰要考虑使用功能和审美功能，不经济、不适用的室内环境，很难说是美的。装饰的艺术价值高低，并不一定与经济费用成正比，富有特色的乡土式餐厅，用土木茅草来装修室内环境，也能使人耳目一新。

2. 文雅、优美、和谐环境的配置

随着烹饪水平的提高，人们往往以美食和美的环境相统一的整体满足为目的。这就要求运用美学规律，在餐厅装饰的审美上下功夫，把餐厅的环境、灯光、色彩、餐桌、餐具等有机结合起来，以取得理想的，富于民族、时代特征的美学价值，实现餐厅装饰的审美功能。

（1）餐厅装饰与环境和谐美

从餐厅整体设计来说，餐厅环境的布置，装饰艺术要确定一种基调。好比一支乐曲要有主旋律一样，使得餐厅内外的各种装饰陈列能协调起来，形成一种支配气氛的风格和情调，或是典雅宁静，或是淳厚古朴，或是平和淡远，或是豪华富丽等。草、藤、竹、柳条编的家具织物，放在乡土风味浓厚的山庄餐厅内显得非常得体，而放在大都市豪华而带有洋味的餐厅中就显得格格不入。一个高大的水晶花吊灯，挂在西方古典风格的饭店、餐厅，可以说是锦上添花，如果把它挂在中国情调的明清风格的饭店餐厅中就有点张冠李戴了，因为它破坏了餐厅环境和谐美与整体美。

注重整体美，讲究餐厅内外环境格调的和谐统一，是提高餐厅装饰设计质量的关键，必须精心设计与安排，以取得较高的艺术和经济效果。20世纪90年代初，在北京西单闹市区内新开了一家饭庄，店名是"忆苦思甜大杂院"。这家饭庄抓住了时下一些人吃腻了大鱼大肉想尝鲜儿和"老外"也要体验一番昔日北京平民生活的心理，让久违多时而又洋溢着时代色彩的食品以新的形式再现餐桌，让人们在品尝美食的过程中自然而然便体味到时代的变迁与人世间的沧桑。这家饭庄里外都是老北京们所眷恋的四合院式样。漆红的大门楼上高挑着红灯，屋檐下挂着鸟笼，门口还停放迎送客人的三轮车。院子里是一个不大的天井，院墙上挂着一串老玉米，在墙角，还专门砌了一个柴火灶，专贴饼子。与此相映成趣的是餐厅内雕梁画柱、名人题匾、书家题联，几张不大的八仙桌陈列其中，厅内装饰得古色古香，老北京味儿十足。为了烘托气氛，造就一个老北京的文化氛围，黄昏华灯初上，大杂院内还不时传出凄婉的笛声和二胡声，让顾客充分沉浸在"忆苦思甜"的浓浓情趣中。这家饭庄的餐厅装饰与整体环境十分和谐，鲜明地体现出恬淡纯真的审美特征。

（2）装饰物、家具的选择和摆设美

餐厅陈列的装饰物、摆置的家具，对餐厅内部环境的作用非常重要，它不但直接影响到餐厅内部环境的物质功能，而且也决定着餐厅内部空间气氛的艺术效果。

餐厅的装饰包括实用和欣赏两个部分。实用装饰物指台布、窗帘等；欣赏装饰物指字画、花木、盆景等。餐厅的家具通常有餐桌、椅子、餐具柜、衣架、屏风、花几等。

台布有漂白布、斜纹布和丝光提花等，以白色为佳，白色台布能最好地陪衬出盘中的美味。使用台布要选择合适的尺寸，铺在餐桌上的台布，四周下垂部分要均匀，台布的边刚好接触到椅子的座位，不宜过长或过短。

窗帘的功能是调节光线、避免干扰和分隔空间的作用，可以丰富餐厅空间构图，增进美感因素。窗帘大多用质地较厚的绒布制作，有的餐厅也可多配备一道窗帘，内层可配质地较薄的纱帘。窗帘是餐厅家具、装饰物极为理想的背衬，增进餐厅蕴藉雅致的空间气氛。在南方的饭店、餐厅还可以采用富有地方特色的竹帘、珠帘或软百叶等，也很别致。窗帘色彩图案简朴、色调应与墙面、家具取得协调，切忌眼花缭乱和繁杂。

绘画、书法具有较高的审美价值，餐厅悬挂字画，可以提高餐厅的接待规格，增进餐厅内部环境的艺术气氛，丰富顾客的精神生活。餐厅选挂字画，要根据餐厅的不同要求来定，要和餐厅的基调相一致。中餐厅挂国画比较合适，西餐厅挂油画更为协调。

餐厅里摆置的花木、盆景是深受人们赞赏的观赏植物陈设艺术，特别是盆栽的花木，给餐厅平添了清新活泼的生活气氛，美化了餐厅的环境。盆栽的使用也较为方便，可以灵活搬动，经济美观，便于管理。餐厅花木盆景的陈设，应把景和盆及其花几、托架视为一个整体统一来考虑。

餐桌、椅子是餐厅布置的主要家具。中餐厅多使用圆桌，桌面上设置转盘；西餐厅多使用长方桌。在较高级的风味餐厅或小餐厅宜于使用整体式靠背椅，靠背较高，大方有气度。在多功能餐厅或一般性餐厅宜于使用折叠式餐椅，使用方便，便于整理。餐具柜是餐厅或厨房必备家具，以存放碟盏、羹匙、刀叉、牙签、餐巾等小型餐具。放置在餐厅的餐具柜，柜面可兼做服务桌使用，衣帽架尽量安放在出入方便的角落里。屏风为餐厅中不可缺少的装饰性家具，主要起分割空间，遮挡视线，对于家具可以起到集聚、控制和陪衬的作用，使餐厅环境美好，富有装饰趣味。

餐厅摆置的家具应力求成套组合，并尽量结合筵席主题与进餐的具体环境，形成和谐的美学风格，表现出进餐者与家具之间的一种内在关系。

餐厅装饰的陈设，也要重视整体装饰风格的统一和谐，使它们的造型、色彩、质感等美感因素，能与墙面、家具相呼应。装饰品宜少而精。要注意装饰品造型、尺度上的对比，布置时要大兼小、高兼低，有呼应，有虚实。

（3）色彩、灯光的处理组合美

色彩五颜六色，组合变化繁多。同样的装饰物、家具，施以不同的色彩，可以产生不同的装饰效果。因此，餐厅环境除了讲究装饰物、家具的造型与布局得体外，还需要依靠色彩、灯光的装饰作用。餐厅内的色彩和灯光处理，是一种极富有装饰效果的艺术手段，它既具有实用价值，又有欣赏价值和经济价值。

餐厅内部的色彩部件和家具比较多，如不加选择随意地挤凑在一起，必然会给人以杂乱无章的感觉。其中最关键的是正确处理各种色彩之间的协调与对比的问题。只有使它们的色彩关系符合和谐之中有变化，协调之中有对比，采取"大调合，小对比"的原则，也就是需在餐厅总体环境上强调协调，部分地、重点地形成对比，才能取得令人满意的装饰效果。例如，餐厅顶部和墙面为乳白色，地面为浅橙色，窗帘为白色，整个厅内就显得清雅，再用橙色、茶色、浅黄的装饰物加以点缀，就会造成一种文雅华贵的气氛。这就是用一两个色距较近的淡色做背景，形成餐厅内色彩的协调。再例如，餐厅的门柱采用墨绿色，服务台面是绿色，其上摆一盆红花，犹如"万绿丛中一点红"。这就是用不同色彩的对比，增强了餐厅环境的渲染力，制造了活泼、热烈的气氛。

餐厅内的色彩处理还要通过光来表现，运用光影和色彩明度规律构成所需要的空间和环境气氛。不同的餐厅应有不同的格调，所配的灯具和用光、用色也应有所不同。

中国人进餐时有一种热烈兴奋、兴高采烈的心理要求，中餐厅采用金黄或红黄的光色最能表现这种气氛。灯具造型要带有民族风格，采用金漆、朱红、大红、橙黄等亮色调。在暖色调的环境中就餐，可以减缓顾客的进餐速度，在心理上给顾客一种安定温暖的感觉。这样既可以满足顾客的精神需求，又可以增加饭店产品的销售量，提高经济效益。

西餐厅是讲究情调的地方。一般说宜采用温暖而较深的色彩，如咖啡色、茶色、褐色调，灯光照度适于偏暗，光线要柔和，要制造一种宁静舒适温馨的气氛，以适应西方人的进餐心理和进餐习惯。

冷餐厅应以冷色为主色调，适当配合中性色。餐桌椅、餐具应以白色为主，再加以蓝色或绿色的灯光和墙壁。这样的色调，会使顾客进入店中自然地想到森林湖泊，得到一种清新凉爽的感觉。

酒吧间可以选用暗淡偏暖的色调，如茶色、古铜色等，以产生幽雅的情趣。也可以用鲜明跳跃的色调，如桃红、亮黄色，渲染活泼、愉快欢乐的气氛。

近几年来，随着人们生活节奏的加快，快餐厅得到了普及推广。效益感和时间节奏迫使人们不得不在很短的时间内完成进餐过程，因此快餐厅的主色调应以冷色为宜。冷色可以加快人们的活动节奏。

由于色彩的调和作用，可以使菜肴在不同的灯光下呈现出不同的色彩。一般说来，在黄色灯光下，菜肴会呈现诱人的鲜嫩可爱的色相，增加人的食欲。在中性色下，菜肴会呈现正常的色相。在蓝色灯光下，菜肴会呈现腐败变质的色相，降低就餐者的食欲。

不少科学家对色彩与健康的关系所产生的心理效果进行过很多研究，发现色彩对人的脉搏、心率、血压等具有明显的影响。他们认为，正确地运用色彩将有利于健康；反之，将有损于健康。如橙色能刺激人的胃口，诱人食欲，有助于钙吸收，黄色可刺激神经系统和消化系统。

3. 常见风格

根据不同顾客群的消费心理在空间组合方面的特点，主要有以下几种常见的风格：

（1）现代式

这是新时代的白领们追求的风格，这种餐厅环境是多样的，风格也是独特的，以几何形体和直线条为倾向性特征，多用于高楼大厦，给人以干净、利落、挺拔之感，如北京饭店、金陵饭店、上海国际饭店等，这类餐厅比较符合现代人的审美心理。

（2）园林式

中国古代园林共有三派，皇家园林以富丽堂皇见长；江南私家园林以小桥流水、曲径通幽、清淡幽雅见长；广东商业阶层园林是近代才发展起来的，以琳琅满目、五颜六色为其特点。其中，成就最高者为江南园林。园林式的餐厅又可分为3种：①园林中的餐厅：如颐和园"听鹂馆"，是园林的有机组成部分，常住客和游客在此聚餐，均为上乘。又如扬州个园"宜雨轩"，四面都是玻璃窗，可以一边进餐，一边观景。②餐厅中的园林：如杭州"天香楼"，餐厅中有假石山、亭台楼阁、悬泉飞瀑，使进餐者宛如置身于园林之中。③园林式的餐厅：如扬州富春花园茶社之"园中园"，园林即餐厅，餐厅即园林。园门飞檐，修竹漏窗，假山迴廊。如扬州"冶春园"，长廊临水，花影缤纷。园林与餐厅浑然一体，尤为别致幽雅。

（3）宫殿仿古式

怀旧情绪，古色古香，豪华气派，充分发掘纵深的历史感。以中国封建时代皇家美学风格为模式，餐厅庄严雄伟，金碧辉煌，中国餐厅常采用这一形式。餐厅正面是由对称的数根朱红立柱、彩绘梁方、万字彩顶和六角宫灯组成的长廊。梁方上面横卧红底描金的大幅横额，最高处覆盖绿色琉璃瓦。餐厅入口处，在点金的墙面上刻绘着"丹凤朝阳"图案。中间是月亮门，背面装饰着一排彩绘柱头和朱红方柱，柱间是绿色的镂空花格。西面有两扇对开的朱红大门，大门上钉着两个"黄铜"大扣环。雕梁画栋，彩绘宫灯，富丽堂皇。当然，宫殿式风格也常用于餐厅内部装修。如饭店在外形上并非宫殿式，但其中餐厅名之曰"龙宫""皇宫"，其间张灯结彩，龙飞凤舞，红色立体花纹地毯，仿宋家具相组合，一副皇家气派，同样使人犹如置身于宫廷之中。

（4）西方酒吧式

幽静雅致，干净利落，豪华舒适。酒吧环境宜娱乐和休息，应幽静雅致，有音乐设备，灯光暗柔，座位利于客人互相交谈。根据欧美人进餐心理，一要考虑气氛与情调，二要使客人用餐时有安逸感，三要使餐厅空间尺度在视觉上感觉小而亲切，四要使餐桌照明高于餐厅本身，照明光色温暖，光线偏暗。通过对餐厅和咖啡馆中的座位选择进行研究后发现，有靠背和靠墙的餐椅以及能纵观全局的座位比别的座位受欢迎，其中靠窗的座位尤其受欢迎。因为在那里室内外空间可尽收眼底。但无论是散客还是团体客人都不太喜欢餐厅中间的桌子，希望尽可能得到靠墙的座位。这是因为靠窗、靠墙的座位，或有靠椅的座位（如火车座式餐桌）是有边界的区域。在那里，边界实体明确围合出属于本桌人的空间领域，不被他人穿越、干扰和侵犯，个人空间受到庇护，有安定感，避免了坐在中间（四面临空）的座位受众目睽睽和背侧被人穿越的不适，却又有纵观室内场景的良好视野，同时还能与他人保持适当的距离，因此这些座位备受欢迎。比如著名作家海明威就很喜欢在酒吧的墙角选一个好座位，花费几个小时，一边观看发生在酒吧的故事，一面慢慢地小口喝着饮料，消磨时光。选择的餐桌即使能守住一根柱子，也使该餐桌的空间范围有了些界定，从心理上给人以安定感。

（5）乡土和自然风格

也许为了寻找故乡的情怀，为了改变生活环境，或者说是为了观赏自然美和好奇，乡土风味就是以迷人的风韵、富有生活气息的人情味来吸引顾客。它的美学价值在于自然质朴，不雕不琢，让人感觉到清新、简朴的美。人们更加喜爱乡土和自然风格。在家居装修中主要表现为尊重民间的传统习惯、风土人情，保持民间特色，注意运用地方建筑材料或利用当地的传说故事等作为装饰的主题。这样可使室内景观丰富多彩，妙趣横生。例如，采用较暗的灯光，墙上挂着渔叉、渔网和船桨，天棚用的是一艘底儿朝天的小木船，置身其中，仿佛来到渔村，有一种特有的幽静和温情。

4.常见的主题餐厅模式

餐饮业越发达，食客们也就越挑剔。为了满足食客们日新月异的要求，美食的花样不断翻新，餐厅的形式也千姿百态。主题餐厅就是商家在激烈的市场竞争中为了争取更多食客的"眼球"和"嘴巴"而独辟蹊径的一种创新。它往往围绕一个特定的主题对餐厅进行装饰，甚至食品也与主题相配合，为顾客营造出一种或温馨或神秘，或怀旧或热烈的气氛，千姿百态主题纷呈，让顾客在某种情景体验中找到进餐的全新感觉。

（1）怀旧复古型主题

用历史上的某一时期、某一事件作为主题吸引，如开封的"仿宋宴"、曲阜的"孔府宴"等，还可以用文学作品中的历史事件作为主题吸引，如湖南常德的"梁山寨酒家"和扬州宾馆的"红楼厅"就属此例。

（2）娱乐休闲型主题

休闲生活的普及、物质条件的提高、消费意识的觉醒，为休闲主题餐饮的产生准备了客观条件；而现代人精神压力的增加，寻求精神上的解脱与放松，则是休闲餐厅产生的主观条件。餐厅可借助慵懒的音乐、随意的环境、休闲的餐具、淡雅的色彩营造一种无所不在的休闲气息。休闲餐饮的出现，赋予了餐厅新的功能，使其日益成为社会交际、休闲娱乐的舞台，如商业洽谈、朋友聚会、公司非正式聚会等。这种全新的经营理念为餐厅带来新的发展契机，也推动了社会的进步。

（3）农家型主题

在回归自然成为新世界主导需求之一的今天，一批"农字号"的回归主题餐饮应运而生。紧张的生活节奏、冷漠的人情世故，使得现代人对那种"比邻而居""鸡犬相闻""互帮互助"的淳朴民风怀有强烈的好奇，十分渴望富有生活气息、田园气息的农家生活。

可见，餐厅环境的审美形式是功能、结构、艺术相结合的产物，它总是受物质方面（材料和结构艺术）和精神方面（心理活动和审美情绪）因素的影响。一个餐厅环境的设计除了要美观又要实用，还要考虑餐厅定位，重视其鲜明的时代感，新颖多变的立体文化，独特的民族特色，

图 7.11　餐厅一隅

浓郁的地方色彩等精神功能因素。餐厅定位后通过它的空间形体尺度组合，材质质感，色调韵律，灯光照明及特性装饰来构成一个丰富多彩的餐厅环境体系（图 7.11）。

思考与练习

1.叙述餐饮环境风格有哪些。
2.简单介绍以"怀旧复古型主题"的餐厅经营策略。

项目8

烹饪菜肴赏析

学习目标

✧ 通过本单元各类烹饪作品的欣赏，了解在冷盘、热菜、雕刻、面点制作中的艺术表现，学会举一反三和创新。

学习重点

✧ 烹饪菜肴审美训练。

学习难点

✧ 通过学习，创新能力和审美观的提升。

建议课时

✧ 2课时。

任务1 冷盘艺术造型赏析

8.1.1 冷盘艺术造型组成形式

冷盘艺术造型组成形式为构图。冷盘在拼摆过程中，如果缺乏构图上的合理组成，就会显得杂乱无章，极不协调。因此，在冷盘造型构图中，必须灵活运用造型美的法则，对造型的形象、色彩组合需要进行认真地推敲和琢磨，处理好整体与局部的关系，使冷盘造型获得最佳的艺术效果。

冷盘造型的构图具有显著特点，我们应该有规律、有秩序地安排和处理各种题材的形象。它具有一定的形式，有较强的韵律感。掌握冷盘造型的构图规律，要从以下几个方面入手：

1）构思

精心构思的冷盘造型构图的基础。在构图过程中，必须考虑到内容与形式的统一，做到布局合理、结构完整、层次清晰、主次分明、虚实相间。构思可以取材于现实生活，也可以取材于某些遐想。因此，在构思过程中，可以充分发挥想象力，尽情地表达内心的思想感情与意境，逐渐把整体布局与结构确定下来，再深入细致地去表现每个局部形象，作进一步的艺术加工。

2）主题

冷盘造型的构图要从整体出发，不论题材、内容如何，结构简繁各异，要主次分明，务必使主题突出。突出主题可采用下列方法：一是把主要题材放在显著的位置；二是把主要题材表现得大一些，或色彩对比鲜明、强烈一些。

3）布局

布局要合理、严谨。在冷盘造型过程中，解决布局问题是至关重要的，主要题材的定势、定位，要考虑整体的气势和趋向，其余题材物象都从属于这个布局和总的气势，达到气韵生动、虚实合理且具有较强的艺术感染力。

4）骨架

骨架是冷盘造型的重要格式，它如同人体骨架、花木的主干、建筑的梁柱，决定着冷盘造型的基本构图与布局。

在构图时，初学者必须在盘内先定出骨架线，其方法是：在盘内找出纵横相交的中心线，使子成为"十"字格，如果再加上平行线相交，就成为"井"字格，便于冷盘原料的准确定位和拼摆。

5）虚实

任何冷盘造型都是由形象与空白来共同组成，"空白"也是构图的有机组成部分。中国绘画的构图中讲究"见白当黑"，也就是把虚实作实，并使虚实相间。对于冷盘造型构图来说，巧妙的虚实处理也是构图的关键之一。在冷盘的构图过程中，如果把盘中的虚处理得当，可以使"虚"而不虚，实而更实，使冷盘造型更具有艺术感染力，更耐人寻味。

6）完整

冷盘造型构图无论是在表现形式上，还是在内容上都要求完整，避免残缺不全。在构图上要求有可视性，结构上要合理而有规律，不可松散、零乱，对题材的外形也要求完整，从头至尾不使意境中断；形式和内容要统一，相互映衬。

🧁 8.1.2　冷盘造型美的形式

冷盘造型美应该是美的形式和美的内容的统一体，是两者的有机组合。美的内容服务，美的内容必须通过美的形式表现出来，冷盘造型美离不开形式的美。所以，冷盘造型的研究不仅要重视具体冷盘造型的外在形式，而且还要特别重视冷盘造型外在形式的某些共同特征，以及它们所具有的相对独立的审美价值。冷盘造型的形式美是指构成冷盘造型的一切形成因素按一定规律组合后呈现出来的审美特征。因此，研究并掌握冷盘造型各种形式因素的组合规律，即形式美法则，对于指导冷盘造型美的创造具有重大的实践价值和实际意义。

1）单纯一致

单纯一致又称整齐一律，这也是最简单的形式法则。在单纯一致中见不到明显的差异和对立的因素，这在单拼冷盘造型或组合造型的围碟中最为常见，如单纯的色彩构成有碧绿的"姜汁菠菜"、褐色的"卤香菇"、嫩黄色的"白斩鸡"、酱红色的"卤牛肉"这种单纯可以使人产生简洁、明净和纯洁的感受；一致是一种整齐美，"一般是外表的一致性，说得更明确一点，是同一形式的一致的重复，这种重复对于形象的形式就成为起赋予定性作用的统一"（黑格尔：《美学》第一卷，第173页）。

2）对称与均衡

对称与均衡是构成冷盘造型艺术形式美的又一基本法则，也是冷盘造型求得重心稳定的两种基本结构形式。中心对称是假想中心为一点，经过中心点将圆划分出多个对称面。如我们冷盘造型中经常运用的几个造型图案的三面对称之"三拼"，五面对称之"五星彩拼"，八面对称之"什锦排拼"等。有多面对称的冷盘造型形式中，可表现某种指向性，在具体冷盘造型构图的运用中，有放射对称、向心对称和旋转对称等形式，但在严格的多面对称形式中，各对应面应该是同形、同色和同量的。总的来说，数目为偶数的多面对称冷盘，各对应部分多为同形、同量但不完全同色，其对称性就较强，而奇数的多面对称冷盘如"五角彩星"，则是用五种不同色彩的原料构成的组合，于偶数的多面对称冷盘相比较，就多了点律动感。

除了上述绝对对称之外，冷盘造型还经常使用相对对称的构图形式。所谓相对对称，就是对应物象粗看相同，细看有别，正如我国传统文化中经常出现的成对石狮，雄雌成对，均取坐势，虽然雄狮足踏绣球，而母狮足扶幼狮，但在人们的心里视觉效果中，他们是对称的，应为在这种情况下，人们的注意力完全集中在两只狮子的大姿态上，视觉完全被狮子的威武和气势所吸引，没有必要也没有闲暇再去过问它们的细节。在实际工作中，我们也经常利用这一点对冷盘进行构图造型，从而达到视觉效果上的相对对称。如以一只蝴蝶为构图形式的冷盘造型"蝶恋花"中，以碟身为中线的左右两侧的大小碟翅、蝶尾、蝶须，往往都在形状、色彩和大小上做适当的微调、变化，在蝴蝶两侧相对对称效果的基础上还要显示蝴蝶的飞舞和灵动；在"鸳鸯戏水"造型中，两只鸳鸯相对而置，雌雄成双，在它们头部、背部造型的处理和色彩的处理上也是有所不同的；在"双桃献寿"造型中，左右两侧无论是品种、大小，还是在色彩的选择上并不完全是，这些都是为了增加丰富、多样之感。

均衡，又称平衡，是指上、下或左、右相应的物象的一方，以若干物象换置，使各个物象的量和力臂之积，上下货左右相等。在冷盘造型构图中，均衡有两种形式，一种是重力（力量）均衡，另一种是运动（势）均衡。

重力均衡原理类似于物理学中的力矩平衡，在力矩平衡中，如果一方重力增加一倍，该方力臂缩短一倍或他方力臂延伸一倍，便能取得平衡，即重力与力臂成反比。在冷盘造型构图过程中的力臂存在，无非是指物象与盘子的中心距离，使整个盘面形成立体的平衡关系。可见，平衡反映在冷盘造型中，盘中的物象是在有限的平面和空间里寻求平衡。

用力矩平衡解说重力均衡，仅仅是一种比喻。对于冷盘造型来说这种均衡是通过盘中物象的色彩和形状的变化分布（如上下、左右、对角等方面不等量分布和色彩的浓淡变化等），根据一定的心理经验获得在感觉上的均衡与审美的合理性。如冷盘"梅竹报春"，一枝梅、一节竹、几簇花朵与"L"形的坡地，从物理学的角度上看，无论如何是不均衡的，因为盘子的右上半部分有大片的空白，而下半部分是土坡，密度也比较大，盘子的上半部分加起来的分量要比下半部分轻得多，但盘子上半部分的诸物象（梅、竹和蜜蜂）与人的情感关系密切程度远高于盘子的下半部分土坡，再加上生长在土坡上的茂密的花草和天空的开阔完全符合人们正常的视觉习惯，因而，在感觉上是均衡的。这是理解冷盘造型均衡形式的关键所在。

运动平衡，是指形成品横关系的两极有规律的交替出现，使平衡不被打破又不断重新形成。在冷盘造型中，运动平衡是用来表现运动着的物象，如飞翔、啄食、嬉闹的禽鸟，纵情飞驰的奔马，翩翩起舞的蝴蝶，欢跃出水的鲤鱼，逐波戏水的金鱼等。在这种情况下，在冷盘造型构图时一般总是选择它们最有表现力的瞬间那种似乎不平衡的状态来表现，通过合理的构图，从而达到平衡的效果，已凝固最富有暗示性的瞬间，表现运动物象的优美形象，给人们以最广阔的想象余地。

均衡的两种形式，强调的是在不对称的变化组合中求平衡。在冷盘造型构图的实践中，凡是运动均衡的造型，只要处理得当，都显得生动活泼，富有生命力和感动，让人振奋。倘若处理失当，就会显得没有章法，凌乱无序。由此可见，当我们在运用均衡这一冷盘造型美的形式法则时，只有准确地把握各种形式因素在造型中的相互依存关系，并契合人们的视觉和心理经验，才能获得理想的均衡美的效果。

8.1.3 调和与对比

调和与对比，反映了矛盾的两种状态，说的是对立与统一的关系。在冷盘造型构图时，只有处理好调和与对比的关系，才可能有优美动人的冷盘造型形象。

调和是把两个或两个以上接近的因素相并列，换言之，是在差异中趋向于一致，意在求"同"。列入，色彩中的红与橙、橙与黄、深绿与浅绿等，恰似杜甫《江畔独步寻花》诗中所云："桃花一簇开无主，可爱深红爱浅红。"任人赏玩的桃花，千枝万朵，深红浅红并置，融合协调，令人喜欢。在冷盘造型中不乏此类调和形式的例子，如"鹿鸣春"中梅花鹿的造型，以烤鸭作为原料利用鸭皮在烤制过程中皮面颜色的深浅变化，切割成与鹿各部位肌肉结构相似的块面状拼摆而成，观之虽有枣红、金红、金黄等色彩差异，但对于整个鹿的造型来说，却是浑然一体的感觉，如果从抽象的形的意义分析，圆盘中的花色围碟造型，是由盘中间几个同心圆和外围相隔排列的若干个近似圆构成，他们之间存在更多的是相同点，差异点相对比较少，因而，整个造型就给人一种协调、和谐的美感。以上两个例子可以说明，在冷盘的构图造型中，调和这一法则的巧妙运用是非常重要的。

对比是把两种或两种以上极不相同的因素排列在一起，也就是说，是在差异中倾向于对立，强调立"异"。在冷盘构图造型中，对比是调动多种形式的因素来表现的，例如：形态上的静与动、肥与瘦、方与圆、大与小、高与低、宽与窄的对比，结构上的疏与密、张与驰、开与合、聚与散的对比，分量上的多与少、轻与重的对比，位置上的远与近、上与下、左与右、前与后的对比，质感上的软与硬、光滑与粗糙的对比，色彩上的浓与淡、明与暗、冷与暖、白玉黑、黄与紫的对比等。对比的结果，彼此之间互为反衬，是各自的特性得以加强，变得更加明显，给人留下的映像也更加深刻。宋代诗人杨万里"接天莲叶无穷碧，映入荷花别样红"的名句，刻画的正是这种映像。

在冷盘造型中利用对比形式的例子也很多，如"雄鹰展翅"冷盘造型，其中山的静止、低矮、紧凑和一定面积的空间，都是为了雄鹰凌空展翅飞翔时的快疾、高远、舒展的恢宏气势和苍劲勇猛的个性。而在以蝴蝶和花卉为题材的冷盘造型"蝶恋花"中，花的造型往往比较小，且色彩也比较单一，这主要是以花来衬托蝴蝶之大和蝴蝶之美艳，使花与蝴蝶形成明显的对比和反差，因为这里蝴蝶是主体。再比如红与绿的色彩对比，莫过于采用"万绿丛中一点红"的方法来塑造的红嘴绿鹦鹉的形象，"一点"红嘴红的是那么娇艳，"万绿"鹦鹉身绿的是那么碧翠，给人以鲜明、强烈对比的震撼。

调和与对比，各有特点，在冷盘造型中皆可各自为用。调和以柔美含蓄、协调统一见长，但如果处理失当，反而会有死板、了无生机之累；对比有对照鲜明、跌宕起伏、多姿多彩之美，但正因如此，对比也容易过于强烈或刺激太甚，而使人产生烦躁不安之恶。所以，从冷盘造型实际需要出发，要多表现亲和性而少表现对抗性内容；从有助于强调实用效果和艺术感染力出发，调和与对比共存同处，更为妥帖。但处理的方法绝不是双方平起平坐，各占一半，而是要根据需要以一方占主要地位，另一方处反衬地位——所谓大调和小对比，或是大对比小调和。我们完全可以以静止为主，衬之小动，以聚集为主，显之小散，以暖色为主，辅之冷色；或者，形态对比强烈以色彩来调和，结构对比强烈以分量来均衡。这样，在一个冷盘造型中及容纳了调和与对比，又兼得了两者之美。

🧁 8.1.4 尺度与比例

尺度与比例是形式美的又一条基本法则。尺度是一种标准是指事物整体及其各构成部分应有的度量数值，形象地说则是"增之一分则太长，减之一分则太短"。比例是某种数学关系，是指事物整体与部分以及部分与部分之间的数量比值关系。古希腊比格达拉斯学派从数学原理出发，最早提出 $1：1.618$ 的"黄金分割率"，认为是形式美的最佳比例关系。

冷盘造型都是适合体造型——即都是在特定性状和大小盘子里构造形象。因此，尤为重视尺度与比例形式法则的运用。

尺度与比例是否合适，首先要看造型是否符合事物固有的尺度和比例关系。比如说，物象哪一部分该长、该大、该粗、该高，那一部分该短、该小、该细、该低，要准确地在造型中反映出来，而且必须和人们所熟悉的客观事物的尺度与比例大体吻合，不能凭意象去胡乱拼凑，否则，只会拼凤不成反类鸡，画虎不似反类猫。如果连起码的形似都丧失了，还有什么真实感和美感可言呢？所以，我们只有讲究了尺度与比例，在冷盘造型时灵活而合理地运用，冷盘造型才会有真切、准确、规范、鲜明的形象，也才会吸引人、打动人。

另一方面，冷盘造型中的尺度与比例又不像数学中的尺度与比例那样确定和机械，也不完全等同并照搬客观事物的尺度与比例，它必须是有助于造型需要的艺术化的表现形式。况且，客观事物的尺度与比例也不是绝对不变的，具体事物的尺度与比例是有区别的。因此，在冷盘造型实践即其审美欣赏活动中，尺度与比例在实质上是指对象形是与人有关的心理经验形成的一定的对应关系。当一种造型形式因内部某种数理关系，与人在长期实践中接触这些数理关系而形成的愉快心理经验相契合时，这种形式就可以被称为符合尺度与比例的艺术化的形式，换句话说，这种形式是合规律性与合目的性相统一的尺度与比例的形式。

以上所谈的尺度与比例，主要是从"似"的角度，强调造型形象模拟客观事物的艺术真实性，但是这不是唯一的表达方式。为了更有力地表现造型形象，有时需要刻意地去破坏事物的固有尺度与比例关系，追求"不似似之"的艺术效果。因此，尺度与比例形式法则的应用不是死板、教条的，需要更具实际情况灵活掌握。

🧁 8.1.5　节奏与韵律

节奏，是一种和规律的周期性变化的运动形式，是食物真长发展规律的体现，也是符合人类生活需要的。正如昼夜交替、四时代序、人体呼吸、脉搏跳动、走路时两手摆动等都是节奏的反映；韵律则是把更多的变化因素有规律地组合起来加以反复形成的复杂而有韵味的节奏，例如音乐的节奏，是由音响的轻重缓急以及街拍的强弱和长短在运动中合乎一定规律的交替出现而形成的，它是比简单反复的节奏更为丰富多彩的节奏。在冷盘造型中，我们是通过运用重复与渐次的方法来表现节奏与韵律形式美的。

重复即反复，是以基本单位有序的多次连续在线，是将一个基本纹样做左右后上下的多次连续重复以及向四周的连续重复，以及向四周的连续重复排列的构成形式，是冷盘造型借用的一种简洁鲜明的节奏形式。如"四色排拼"的一种造型形式，每一层次都是由同一形状的原料按照一定的方式有规律的重复排练而成，各个层次采用不同的色彩，观之有整齐明快的节奏美；又比如冷盘"太极排拼"，主体正八边形的中心顶端是黑白分明的圆形太极图，在主体外层又围了相间排列的八个小圆形太极，该造型中主体部分的八个等量同形的重复出现和呼应，带来了"太极排拼"造型的节奏美。由此可见，重复表现节奏对于冷盘造型具有重要的价值和实践意义。

渐次是逐渐变化的意思，就是将一种或多种相同或相似的基本要素按照逐渐变化的原则有序的组织起来。在单碟冷盘造型中，渐次方法的运用和形式非常普遍与广泛，如蓑衣扬花萝卜（或蓑衣蘑菇、蓑衣黄瓜等）、盐水虾、紫菜蛋卷、香肠、芝麻鸭卷、糖醋萝卜卷等，都是利用相同的原料按照渐次原理组构的同心圆式馒头形造型，虽然很常见，在拼摆过程中对技术的要求也很简单，但它们同样具有旋转向上、渐次变化的律动感。

渐变的形式很多，形体上由小到大、由短到长、由细到粗、由低到高的有序排列，空间上由近及远的顺序排列，色彩上由明及暗、由淡及深、由暖及冷、由红及绿的顺序排列等，都表现出渐变形式。在冷盘造型的实际拼摆过程中，我们既可以用比较单一的形式来表现渐变，也可以用多种形式共同来表现渐变。一般来说，渐变中包含的变化因素越多，冷盘造型的效果就越好。

有人说"建筑是凝固的音乐",此话用在以古建筑为题材的冷盘造型中也十分贴切。如"文昌古阁"是模拟扬州名胜古迹——文昌阁而拼制的建筑景观造型冷盘,它直观而形象地再现了文昌阁古朴端庄、轻灵秀气之美。此造型采用了对称的构图形式,阁底座外层为双层扇面围拼,层层相叠,环环相合,流转起伏,宛如美妙轻盈的圆舞曲;阁底座用三种色彩的原料,以扇面的拼摆形式组合成同心圆并缓缓隆起,拥阁身于正中间,并与外层形成间隔,仿佛是两支乐曲相互转换的自然停顿;阁身、阁檐自下而上且每层皆有小及大、由低及高、由粗及细,色彩由深而淡,渐次变化;阁尖顶指天而立,宛如又奏响了一曲激越昂奋的主旋律,袅袅余音飘向无际的天穹。可以毫不夸张地说,它非常科学而合理地运用了重复渐次的手法,并淋漓尽致地表现了节奏韵律撼人心魄的美。

🧁 8.1.6　多样与统一

多样与统一,又称和谐,是形式美法则的高级形式,是对单纯与一致、对称与均衡、调和与对比等其他法则的集中概括。早在公元前7—6世纪,老子就说过:"道生一,一生二,二生三,三生万物。万物负阴而抱阳,冲气以为和。"(《老子》四十二章)表达了万物统一于一以及对立统一等朴素的辩证思想。公元前6世纪,古希腊毕达哥拉斯学派最早朦胧发现了多样统一法则,认为美是数的比例关系显出的和谐,和谐是对立因素的统一。直到黑格尔才明确提出了和谐概念中的对立统一规律,并对此进行了归纳和总结,把和谐解释为物质矛盾中的统一。

所谓"多样",是指整体中包含的各个部分在形式上的区别与差异性;所谓"统一",则是指各个部分在形式上的某些共同特征以及它们相互之间的联系。换言之,多样统一就是寓多于一,多统于一,在丰富多彩的表现中保持着某种一致性。

多样与统一应该是冷盘造型所具有的特性,并应该在具体的冷盘造型中得到具体的表现。表现多样的方面有形的大小、方圆、高低、长短、曲直、正邪等,势的动静、聚散、徐疾、升降、进退、正反、向背、伸屈、抑扬等,质的刚柔、粗细、强弱、润燥、松紧等,色的红、黄、绿、紫等,这些对立因素统一在具体的冷盘造型中,合规律性又合目的性,创造了高度的形式美,形成了和谐。

为了达到多样统一,德国美学家里普斯曾提出了两条形势与原理,这对我们冷盘造型来说是很实用的。一是"通相分化"的原理,就是每一部分都有共同的因子,是从一个共同的因子(也就是所谓了通相)分化出来的,这样就统一起来了。如"孔雀开屏",其翎羽分数层并有很多的花纹,但每一层的每一片翎毛都有共同的或者说相似的因子——近似椭圆形弧形刀面。每个相同椭圆形弧形刀面相连接构成每层相同起伏的波状线,但每层之间波状线的起伏又不是完全相同的;每层的每个椭圆形弧形刀面的纹样相互之间都是相近的,但又不完全相同的。由此可见,一个造型的各部分把一个共同的因子分化出来,分化出来的每一部分虽然都有共同的因子,但它们之间又存在一定的变化,这种即相似却有完全不相同的因子构成了一个冷盘的整体,这就是通相分化原理的具体应用。

另一个就是"君主制从属"的原理,也就是中国传统美学思想中所说的主从原则。这条形式原理,要求在冷盘造型构图的设计过程中,各部分之间的关系不能是等同的,要有主要部分和次要部分的区别。主要部分具有一种内在的统领性,其他次要部分要以他为中心,并从属于它,就像臣子从属于君主一样,并从多方面展开主体部分的本质内容,使冷盘造型构图的设计富有变化、富有多样；而次要部分具有一种内在的趋向性，这种趋向性又可以使冷盘造型显现出一种内在的聚集力，使主体部分在多样丰富的形式中得到淋漓尽致的展现，也就是说，次要部分往往在其相独立的表现中起着突出和烘托主体部分的作用。因此，主与次是相比较而存在，相协调而变化；有主才有次，同样，有次才能表现出主，它们互相依存，矛盾而又统一。这种类型的冷盘造型很多，例如金鱼戏莲、蝶恋花、锦鸡报春、丹凤朝阳、雄鹰展翅、迎宾花篮等，在这些冷盘造型中，主次分明而又统一、协调。

多样与统一是在变化中求统一，统一中求变化。如果没有多样性，就见不到丰富的变化，冷盘造型就会显得呆滞单调，缺少"参差不伦""和而不同""意态万千"的美；如果没有统一性，看不出合规律性，合目的性，冷盘造型又会显得纷繁杂乱，缺少"违而不犯""乱中见整""不齐之齐"之美。因此，只有把多样与统一两个相互对立的方面有机地结合在一个冷盘造型中，才能达到完美和谐的境界，也才能展现出冷盘造型的艺术效果及其艺术价值。

冷盘作品赏析

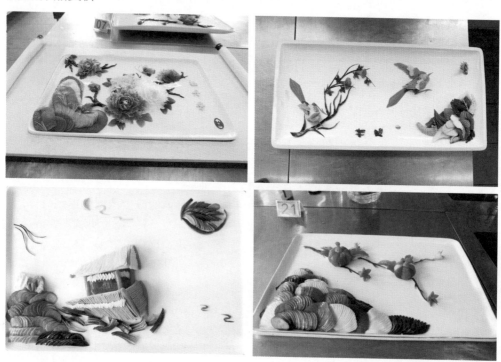

任务 2　热菜艺术造型赏析

热菜与冷菜不同，其显著特点就是趁热食用，要求以最简洁、最快的速度进行工艺处理，这就决定了热菜造型既要简洁、大方，又不能草率、马虎，虽不耐久观，但必须耐人寻味。

热菜是宴席的主题菜肴，决定宴席当初高低，好坏的关键所在。成功的热菜以精湛的工艺、娴熟的刀工、优雅的色彩效果令人倾倒，使得宴席高潮迭起，情绪热烈。所以说热菜造型艺术是饮食活动和审美情趣相结合都的一种艺术形式，既要技术性，又有观赏性。

构成热菜的基本条件，一是切配技术，二是烹调技术。其中，切配技术是构成热菜造型的主要条件。一般菜肴的制作，都要经过原料整理、分档选料、切制成形、配料、熟处理、加热烹制、调味、盛装八个过程。切配技术使原料发生"形"的初步变化，烹调技术不仅使菜肴原料的"形"的变化更完善，而且使菜肴色彩更加鲜艳悦目。因此，掌握好切配技术与烹调技术是热菜造型的基础。

🧁 8.2.1 热菜造型艺术的表现形式

热菜造型艺术的形式丰富多彩，千姿百态。它是通过利用工艺加工和原料特性给予人们以美的感觉，以满足人们的精神享受，同时也起到了陶冶情趣、增进食欲的作用。造型的形式美是多种多样的，有自然朴实之美，绚丽华贵之美、整齐划一之美、节奏秩序之美和生动流畅之美，热菜造型的形式一般采用：自然形式、图案形式、象形形式等。

1）自然形式

自然形式热菜造型的特点是形象完整、饱满大方。烹调过程中，常采用清蒸、油炸等技法，基本保持了原料的自然形态。"鲤鱼跃龙门"就是以自然形态的热菜。又如菜肴"烤乳猪""樟茶鸭子""整鱼""炸虾"等，这些菜肴的形态要求生动自然，装盘时应着重突出形态特征最明显、色泽最艳丽的部位，为了避免整体形状造成的单调、呆板，在菜肴的周围要添加适合的纹样，也可在整体原料的周围点缀装饰瓜果雕刻或拼摆制成的花草，以丰富菜肴的艺术效果。

2）图案形式

图案形式的造型特点是多样统一，对称均衡，在热菜造型中图案装饰造型手法的运用较多，它可使菜肴形势变化达到典型概括、完美生动，这往往要求作者通过大胆的构思和想象，充分利用对称与平衡、统一与变化、节奏与韵律、对比与调和、夸张与变形等形式美法则，使菜肴通过丰富的几何变化、围边装饰、原料自我装饰等多种多样的形式，达到既美观大方，又诱人食欲的效果。

（1）几何图案构成

菜肴几何图案构成，是利用菜肴主、辅原料，按一定的形式构图进行烹制塑造的一种装饰方法。在装盘时要求按一定顺序、方向有规律地排列、组合，形成连续，间隔、对应等不同形式的连续性几何图案。其组织排列有散点式、斜线式、放射式、折线式、波线式、组合式等。如"茭白虾片"一菜。

（2）围边装饰构成

围边装饰与几何图案装饰在艺术效果上有许多共同之处，不同的是在菜肴的周围装饰点缀各式各样的图形。如摆上色鲜形美的雕花和多种瓜果、绿叶等原料，用以美化菜肴，调剂口味。

☆口味上要注意装饰原料与菜品一致，形美味美。

☆围边原料必须卫生可食。

☆制作时间不宜太长，以不影响菜品质量为前提。

☆围边原料色彩、图案应清晰鲜丽，对比调和。

①围边原料：围边出于对美化菜肴的考虑，围边原料一般选用色彩艳丽的绿叶蔬菜和新鲜瓜果。原料来源广泛，成本费用低廉，一般根据不同的季节，选用应时的常见果蔬。其味多咸鲜清淡，煎炸菜肴常配爽口原料，甜味菜肴喜以水果相衬。由于每道菜肴的不同风味特色，所用围边原料也有很大差异。用作围边雕花点缀的原料有：苹果、雪梨、菠萝、柠檬、广柑、橘子、黄瓜、胡萝卜、番茄、红枣、地瓜、洋葱、大葱、包萝卜、青萝卜、青笋、青椒、荷兰芹、西兰花等。各类蔬菜、瓜果原料在入馔镶盘前均要进行洗涤，待制成后再放进咸鲜汁或糖水液中浸渍。

②围边装饰形成：围边装饰形式又分为平面围边装饰、立雕围边装饰和菜品围边装饰。

平面围边装饰：以常见的新鲜水果、蔬菜作原料。利用原料固有的色泽形状，才用切拼、搭配、雕琢、排列等技法，组合成各种平面纹样，围饰于菜肴周围，或点缀于菜盘一角，或用作双味菜的间隔点缀等构成一个高低错落有致、色彩和谐的整体，从而起到烘托菜肴特色，丰富席面，渲染气氛的作用。平面围边装饰形成一般有以下几种：

a.全围式花边：是沿盘子的周围拼摆花边。这类花边在热菜造型中最常用，它以圆形为主，也可根据盛器的外形围成椭圆形，四边形等。

b.半围式花边：半围花边即沿盘子的半边拼摆花边。其特点是统一而富有变化，不求对称，但求协调。这类花边主要根据菜肴装盘形式和所占盘中位置所定，但要掌握好盛装菜肴的位置比例、形态比例和色彩的和谐。

c.对称式花边：对称花边是在盘中制作相应对称的花边形式。这种花边多用于腰盘，它的特点是对称和谐，丰富多彩。一般对称花边形式有上下对称、左右对称、多边对称等形式。

d.像形式花边：根据菜肴烹调方法和选用的盛器款式，把花边围成具体的图形，如扇面形、花卉形、花窗格形、灯笼形、花篮形、鱼形、鸟形等。

e.点缀式花边：所谓点缀花边，就是用水果、蔬菜或食雕形式，点缀在盘子某一边，以渲染气氛，烘托菜肴。它的特点是简洁、明快，易做，没有固定的格式。一般是根据菜肴装盘后的具体情况，选定点缀的形式、色彩以及位置。这类花边多用于自然形热菜造型，如整鸡、整鸭、清蒸全鱼等菜肴。点缀花边有时是为了追求某种意趣或意境，有时是为了补充空隙，如盘子过大，装盛的菜肴不充足，可用点缀式花边形式弥补因菜肴造型需要导致的不协调、不丰满等。

f.中心与外围结合花边：这类形式的花边较为复杂，是平面围边与立雕装饰的有机组合。常用于大型豪华宴会、筵席中。选用的盛器较大，装点时应注意菜肴与形式统一。中心食雕力求精致、完整，并要掌握好层次与节奏的变化，使菜肴整齐美观，丰盛大方。

立雕围边装饰：这一装饰是一种结合食雕的围边形式。一般配置在宴会席的主桌上和显示身价的主菜上。常用富含水分、质地脆嫩、个体较大、外形符合构思的要求、具有一定色感的果蔬。立雕工艺有简有繁，体积有大有小，一般都是根据命题选料造型。如在婚宴上采用具有喜庆意义的吉祥图案，配置在与宴会、筵席主题相吻合的席面上，能起到加强主题、增添气氛和食趣，提高宴会规格的作用。

菜品围边装饰：也可称菜肴自我围边装饰。它是利用菜肴主、辅原料，按一定的形象进行烹制成形的一种装饰方法，如制成金鱼形、琵琶形、花卉形、几何形、玉兔形、佛手形、凤尾形、水果形、橄榄形、元宝形、叶片形、蝴蝶形、蝉形、小鸟形等。再把成形的单个原料，按形式美法则围拼盘中，食用与审美融为一体。这类围边形式在热菜造型中运用最为普遍，它可使菜肴形象更加鲜明突出、生动，给人一种新颖雅致的美感。菜肴"琵琶虾"即为一例。

3）象形形式

这就是说让菜肴的艺术形象与模拟对象之间，"说像又不像，说不像又像"，形态不像神态的确十分动人。这"似与不似"的菜肴形象，让人有丰富联想的余地，并得到一种含蓄雅趣的美感，这也是热菜的特性所决定的。热菜象形造型虽不是艺术，但却用了艺术原理，满足了人们在就餐中的视觉感官。因此，烹调前需要分析对象，捕捉原料的特征，尽量发觉原料和烹技中的有趣塑材，进行构思。并从食客食用和审美需要进行烹调和造型，塑造出"似与不似之间"，"神采为上"的美味佳肴。

在热菜进行象形塑造时，要求作者在烹调过程中，力求突出菜肴原料的色泽和形态美。大胆舍去那些次要的、有碍的菜肴质地、营养和形式美表现的技慢，避免那些对对象细微之处的过分地模拟，防止局部的过分渲染而损害了菜肴的整体效果。在苏州佳肴"松鼠鳜鱼"一菜中，作者没有去追求菜肴形式与松鼠的惟妙惟肖，也没有留意那动人的松鼠尾巴等细节，而是结合烹调技法中的油炸造型特征，突出翻卷的鱼肉条与松鼠形与色的相似。"松鼠"的头和尾。而对盘中的这只"四不像"，食客不仅未觉不真，反而从这道菜的造型"神似"中引发出一些与松鼠有关的联想，自然、纯朴、生动、活泼、雅致等情趣，从而得到美感和愉悦，假若我们一味地去追求形象逼"真"，用萝卜或其他可塑原料雕刻松鼠的头和尾，那么，这种含蓄高雅之美将一扫而光，荡然无存，其结果反而显得牵强造作，食之让人倒胃口。其原因就是违背了人们简洁、单纯、大方的饮食和审美要求。

在热菜造型形式中，不同的塑形手法，产生不同的效果。我们主张热菜造型求"神似"，并非完全放弃"形似"的造型手法，有些菜肴的"形似"同样令人激动，赞叹不已，口味大开。关键是两者都必须遵循"实（食）用为主，审美为辅"的美学原则和烹调工艺的规律，才能创作出色、香、味、形、意为一体的美肴。热菜造型的象形形式一般有两种表现方法：一是写实手法，二是写意手法。

写实手法：这种手法以物象为基础，给予适当的剪裁、取舍、修饰，对物象的特征和色彩着力塑造表现，力求简洁工整，生动逼"真"。

例如"春光美"一菜是以鳜鱼为主料制作而成其制作过程是先将鳜鱼分档，取下腹部的两扇肉（带有鱼皮），一扇用力顺刺刮取下肉，剁成茸，加姜末，葱白、精盐、水、味精蛋清等拌和上劲待用。另一扇肉用批的方法去鱼皮，在改用斜刀批的方法加工成多片牡丹片，然后用盐、料酒、葱节和姜片腌制入味，用蛋清和淀粉略上浆后摆入抹有猪油的圆盘内，做成五朵均匀的牡丹花；再用小白菜叶做花叶，并在花中间撒上火腿末；再将准备好的茸分成均匀的两份，按图案的需要堆摆在盘中间，采用写实手法塑造成蝴蝶形，并将翅膀表面抹平，用火腿和黄瓜皮做成蝴蝶花纹，最后上笼蒸制，出笼后淋入薄芡即可。此作品新颖别致，造型优雅大方，整体构图统一、和谐，使人能充分感受到春的气息和春光的美丽。

写实手法：写意不是像写实那样，在物象的基础上加以调整修饰就可以了，而必须把自然物象加以一番改造，它完全可以突破自然物像的束缚，充分发挥想象力，运用各种处理方法，给予大胆地加工和塑造，但又不失物象固有的特征，符合烹调工艺要求，将物象处理得更加精益求精，在色彩处理上也可以重新搭配，这种变化给人以新的感觉，使物象更加生动活泼。

例如："蝴蝶鳜鱼"一菜，此菜造型以鳜鱼为主料，借助鳜鱼去骨后两扇带尾鱼块与蝴蝶翅膀形象相似的特点，运用图案变形中的写意手法，对物象的局部伸张，使之既具有蝴蝶的形象特征，又有原料自身邢台的特点。其制作方法是先将鳜鱼去骨、刺，去下两扇形象完全相同的带尾鱼块（鱼尾用撕的方法），并在两扇鱼块上斜剞深度为鱼肉五分之四的相等道口，然后用精盐、整葱、姜块和料酒腌制 15 分钟，同时准备几片火腿片和香菇片，待鱼块腌制好后根据蝴蝶形象的要求，平摆抹有猪油的盘中再用冬笋片和带皮的鳜鱼片做成蝴蝶身，并把香菇和火腿片嵌入斜剞刀口上，形成花纹，上笼蒸 20 分钟左右，出笼后淋入薄芡放上置好的蛋糕花或瓜果雕刻花即成。整个造型色彩淡雅、清新，由于原料的形态选择恰当，其实（食）用价值和观赏价值极高。

通过以上热菜造型的制作形式，可以得出热菜造型形式与冷菜造型形式的较大区别在于，冷菜造型是采用烹制过得原料，根据筵席主题内容，设计冷盘造型形象，在一定程度上可以精切细拼，而热菜造型与制作为一体，是在选料、加工、烹制、装盘完善的基础上一气呵成。

热菜作品赏析

任务3　食品雕刻艺术造型赏析

现代的食雕，已改变了过去造型形式和用料的单一形象。它利用其特有的造型优势，把一切形式美的要求（如线条和位置的疏密、图形的大小变化、色彩的冷暖、质地的粗细等方面），按照一定的形式规律组合起来，以完美表现其内容，收到了事半功倍的审美效果。

8.3.1 变化与统一原理

变化指性质相异的图案和造型构件并置在一起，造成显著的对比感觉。其特点是生动活泼、有动感，但处理不好，又易杂乱。

统一指性质相同或类似的图案和造型构件并置在一起，造成一种一致的或具有一致趋势的感觉。比较严肃庄重，有静感，但处理不当，也显单调。

变化与统一是对立的又是互相依存的。一个好的食雕作品总是具备变化和统一两方面的因素，但在某一具体雕刻作品中，总是较多地倾向其中的一个方面。如所示《灯塔》雕刻（萝卜、西瓜等原料均可雕成），整个造型由窗格环、半圆环渐变而成，给人以统一、整齐大方之感；而《麒麟送子·冬瓜盅》上的浮雕图案，则是变化多样的，富有生气。

变化是绝对的，统一是相对的。我们要在变化中求统一，统一中求变化。整体统一，局部变化，局部变化服从整体，也即"变中求整""平中求奇"。

8.3.2 调理与反复原则

调理是食雕造型图案组织的主要原则，它使造型图案显示出整齐美。

反复是同一造型图案的重复出现从而产生不同的节奏。图案的二方构成形式、四方构成形式即如此。尤其是二方构成形式在维扬食雕设计中用的最多，如《八仙过海·西瓜灯》龙舟上的反S形凤纹，八仙突环、浮雕图案上面的花纹；《麒麟送子·冬瓜盅》底座上"鸳鸯花边"均属二方构成形式。正反八仙图案之间水波纹，经过条理化的处理并加以反复，突出了统一的整齐美，具有很强的装饰性。整个瓜雕造型设计从整体到局部表现了调理和反复这一组织原则的合理运用。

8.3.3 基本法则

维扬食雕造型设计的法则原理的具体变化，即对于什么是造型设计的形式美有几种说法，现将目前多数人的观点介绍如下。

1）对称与均衡

对称指以一假设的中心线（或中心点），在其左右、上下或周围（三面或四面或多面）配置同行、同量、同色的纹样所组成的图案造型，如《灯塔》《宫灯》。以上又称绝对对称或均齐。

在中心线（或中心点）左右、上下或周围配置的不同形、不同色，但量相同或相近的图案纹样，称为相对对称。如《寿塔》（平面图）下部浮雕"寿比南山"图案；《腰鼓灯》（平面图）中间的"双喜登眉（梅）"浮雕图案等。

在中心线（或中心点）左右配置形相同而相互颠倒的图案纹样，称为相反对称或逆对称，如《一帆风顺》（平面图）瓜雕圆形突环中间的"阴阳八卦"浮雕图案。

上述几种对称的特点是稳定、庄严、整齐，但处理不当也会呆板，因此要灵活运用。

均衡指图案造型在假设的中心线或支点两侧，形成量的平衡关系。绝对对称形式是力臂相等、同量同行的平衡；均衡则是有变化的平衡。它有两种类型：一是天平秤物，力臂相同，同量而不同形，如《腰鼓灯》中的"双喜登眉"、《寿塔》下部"寿比南山"等浮雕图案；二是杆秤称物，力臂不同而量相等（或相近），如《麒麟送子·冬瓜盅》一面浮雕图案、《八仙过海·西瓜灯》中八仙浮雕图案。和对称形式相比，它较生动、活泼、多变化，但较难掌握，因为上述的均衡仅是一种感觉，主要依靠实践经验，而不能用数理的方法来计算。

对称和均衡这一基本法则，在维扬食雕造型设计中运用得较为广泛，大多体现在外造型的组合与内图案的排列等构图之中，掌握好此基本法则对我们把握整体布局颇有帮助。

2）对比和调和

对比指食雕作品的形、色、组织排列，量、质地等方面表现出较大的差异，由此形成各种变化，取得醒目、突出、生动的效果。形的对比有大小、方圆、曲直、长短、粗细、凹凸等；感觉的对比有动静、刚柔、活泼严肃等。如《八仙过海·西瓜灯》用南瓜雕刻龙舟，西瓜雕刻盛器，原料的不同形成了色彩、形状、质地等方面对比；而整雕、突环雕、浮雕等雕刻手法的不同，又形成了平面与立体，动与静等方面的对比。

调和一般是指"同一"与"类似"，表现在形的大小一样或类似，色彩冷暖深浅的相同和相近等。调和的效果是安稳严肃，例如《福寿双全花篮·西瓜灯》中的突环雕刻图案给人以舒适、完整之感，与圆形浮雕线条相配就表现为调和的效果。

对比和调和应根据食雕的设计要求适度掌握，做到在调和中求变化，在变化中求调和。

3）节奏和韵律

借用了音乐的术语，食雕造型设计中的节奏，是指用餐者视线在欣赏时间上所做的有秩序的运动。同理，借用诗词的术语，食雕造型设计中的韵律，是指在节奏中所表现的像诗歌一样的抑扬顿挫的优美情调。

节奏是调理和反复的组织原则的具体表现，它是由一个或一组雕刻图案纹样为单位，作反复连续、有条理地排列所形成的（外造型的组合也是如此）。它有等距离的，也有渐变的。如《灯塔》外造型是4只由大到小的西瓜（或萝卜）渐变组合而成，每只西瓜（或萝卜）上下距离（或高度）也是由长渐短（或由高渐低），内形突环图案的排列也是如此。这种节奏的构成形式颇有机械美。而《八仙过海·西瓜灯》《一帆风顺》食雕作品中的"浪花""水波纹"等浮雕图案均富有韵律，这种律动美是在节奏中表现出来的一种情调，对突出雕刻作品、表达主题意境，起着很重要的作用。

4）雕刻作品赏析

任务 4　面点艺术造型赏析

面点造型是根据面点品种的形态要求，运用不同的方法或借助不同工具将面团制成各种形态的面点成品或半成品的过程。近年来，随着人们饮食结构的变化和发展，面点也越来越受到人们的青睐。面点食品给人的第一感受是视觉感受，然后才是触觉感受和味觉感受。因此，外观形态的好坏直接影响到人们的情绪。独特的面点艺术能活跃宴席气氛，增强人们的食欲，使面点食品既能食用，又能使人们的心情愉悦。

8.4.1　面点造型艺术和装饰艺术相结合的作用

1）突出面点制品的民族特色，丰富制品的文化内涵

面点是我国重要民俗的体现，如春节的春饼、春卷、饺子、年糕、元宵节的元宵、寒食节的青团、端午节的粽子、中秋节的月饼、重阳节的重阳糕等无不体现了面点与人们生活的密切联系。面点制品的特色，有的是以口味见长；有的是以外形著称；有的色泽艳丽，香气诱人；有的有悠久的历史、文化底蕴深厚，有着一个个美丽而动人的传说，可见，面点不但丰富了人们的饮食内容，而且丰富了了人们的精神生活。

2）增加点心的艺术气息，融合菜肴的内容

提高宴席的品位本身就是一种造型艺术很强的工作，面点的制作过程便成为一种一件小的食品，还不如说是一件让食客不忍动箸的艺术品。在制作的过程中，对点心的装饰和美化，和整个宴席紧密联系，它更能突出宴席主题，表达宴席含义，例如，婚宴上使用造型美观的喜饺、生日宴上的长寿面、寿桃等。

3）面点制作艺术化，可以提高面点制品的经济效益和社会效益

艺术的表现形式有很多种类型，而烹饪艺术是唯一可以吃的艺术。精美的点心以其美观的造型、鲜明的色彩、独特的意境丰富了面点的内涵，既提供实用价值，又满足了审美要求，

更提高了经济效益和社会效益。它不仅可以制作成人们日常生活的茶点或与菜肴配套为宴席增色，也可以制作成喜庆佳节馈赠亲友的礼品。我国面点制作历史悠久，远在 2 400 多年前的春秋战国时期，就有了关于面点的记载，面点制作工艺发展到今天，在制作上除了要继承传统技艺的基础，还要对面点制作的技术不断地总结、交流与创新，其主要体现在面点制作的艺术美上。

🧁 8.4.2 面点制作艺术美的主要因素

1）面点的色彩美

面点的色彩是面点美的重要组成部分。面点的色彩讲究和谐统一，面点制作有的使用原料配色，有的利用天然色素配色。例如花色蒸饺中要有多种不同颜色的馅心进行点缀，我们可以采用一些纯天然的食品来进行美化，红色——胡萝卜、红大椒，黑色——木耳、香菇、紫菜、发菜，白色——笋子、鸡蛋白，黄色——鸡蛋黄、南瓜，绿色——青菜、黄瓜、青豆等，虽然目前食品制造业相当发达，食用色素琳琅满目，但面点制作过程中还是不提倡使用化学合成的色素来丰富和美化面点的色彩。

2）面点的工艺美

面点工艺美主要体现在面点成形的方法上，它可分为手工成形、工具成形、模具成形以及其他成形法。绝大多数面点的成形离不开手工成形，主要包括搓、包、卷、捏、抻、按、摊、叠、等繁杂的手法，与民间传统的捏、塑创造形式有异曲同工之处，是一种独特的雕塑创作，每一件优秀的作品都是精美的艺术品，比如，造型独特的面塑技艺。

3）面点意趣美

由于造型本身必须以艺术构思为基础，因此，面点的成形制作中国面点因其悠久的历史文化和精湛的工艺技术，意趣丰富多彩。如，"百子寿桃"象征长寿多子；"花篮糕点"象征欣欣向荣；"朝霞映玉鹅"呈现生动可爱的情趣等。在宴席点心的配置上，围绕人们社交目的而设置的意境要与客人的心境和谐统一。

🧁 8.4.3 面点制作工艺主要体现在面点的造型艺术和面点的组合与装饰艺术

1）面点的造型艺术

面点造型是研究面点原料的自然形态和运用模具及各种面点制作技法，使面点成为各种不同造型的艺术品，面点造型是一种工艺美，是把艺术融入面点造型的一种方法，成功的面点以精湛的工艺、熟练的手法、高雅的造型、典雅的色彩效果令人倾倒。面点的造型艺术是饮食活动和审美意趣相结合的一种艺术形式，既有技术性，又有观赏性。其具体的方法如下：

（1）自然形态艺术法

采用较为简单的造型手法制作点心，使其成熟，取其自然形成的不十分规则的形态，如，开花馒头，经过蒸制自然开花，还有开口笑、蜂巢蛋黄角、芙蓉珍珠饼等，也是在成熟过程中自然形成的一种形态。

（2）模仿几何图形法

这种造型形态属于有规律的组合形态。即用原料做成圆形、三角形、平行四边形、多面体等形状。如，四喜饺、三角粽、菱形糕点等。

（3）象形造型法

将原料做成自然界的各种动物、植物、花卉、果实等形状。象形造型的绘画性和雕塑性很强，是食品造型艺术中难度最大的一种，象形点心可以使席面生机益然。仿植物形态，如，梅花饺、秋叶包、海棠酥、荷花。仿动物形态，如，金鱼饺、白兔饺、蝴蝶饺。仿水果形态，如，寿桃包、枇杷果、葡萄串等。

（4）剪钳法

以剪刀或花钳为主要工具，在原料表面剪制出各种花纹。如，刺猬包、章鱼包。

（5）模印法

利用各种艺术造型的单面或双面模具将原料冲压成型。如，广式月饼、水晶饼、绿豆糕等，还有各种不同的形状造型，如，爱心形、扇形、葫芦形等。

（6）塑绘法

将原料用多种表现手法塑、捏成各种艺术形象。如，盆景题材、动物题材、花卉题材，无论使用哪一种方法，面点的造型，取形要美观、大方、吉利、喜庆、高雅。面点成品形态美的获得，必须依靠坚实的造型技巧和艺术审美情操。因此，面点师必须懂得绘画和雕塑的知识和技艺，同时注意发挥面点原料的特点，掌握一套面点造型的规律。

2）面点的组合与装饰艺术

除了在面点制作中做到材料美、造型美等以外，还要运用辅助手段，如，围边装饰、器皿的衬托来提高点心的艺术性，达到色彩美、组合造型美、意趣美的效果。使点心既可食用，同时在盘中形成一定的图案，给人以美的视觉享受，可以最大限度地满足食客的要求，同时还要塑造出一种合适得体、主次协调、颜色分明、形态美观、艺术表现突出的点心盘饰，面点的组合装饰需要从以下几个方面进行综合考虑：

（1）巧妙构思

任何围边装饰，在制作之前，都必须精心构思，巧妙设计，做到胸有成竹。要根据制品特点、应用场合和表达寓意，并且要注意构思的新颖性、独特性。任何没有经过认真构思考虑，随意制作的围边盘饰，不可能完美表现制品特色和艺术价值。

（2）选择合适的装饰材料

围边构思成熟后，就要开始挑选合适的围边材料了，现在普遍使用的原料有面塑面胚、琼脂、打发奶油、糖浆等。面塑面胚可塑性最强，调配方便，储藏性能好，使用最广；琼脂更多地被运用于衬底，如，表现蓝色的水面、蓝色的天空等。

（3）调配颜色

对于只能采用堆放、拼摆、搭建的一些装饰原料，在考虑颜色时，只能考虑原料自身固有的颜色；而对于面塑面胚，调色相对要方便，可以采用食用色素调配出任意需要的颜色。

当然，在调配颜色时，要遵循美学规律，不能滥用，尽量做到色泽调和，并始终以衬托制品为出发点，不能掩盖制品本身的色泽美。

（4）精心制作

一切准备好后，就可以开始在器皿中制作围边了，制作时，器皿要干净卫生，手法要细腻、流畅，要将构思好的围边形态一气呵成地表现出来，忌讳拖泥带水，犹豫不决。

（5）艺术拼摆

如果是直接在器皿中制作围边，制作时就要考虑好摆放的位置，要遵循艺术表现原则，同时也要考虑成品的放置，预留好成品放置位，最好不要制作完成后又去拿动改变位置。艺术拼摆有两种形式。一种是写意法：写意法是以规则或不规则的线条、几何体图形来组成有抽象特点的象形的一种面点拼摆手法。作品不拘形似，注重神韵、意境，讲究形意相生，力求神似，不求形同。另一种是写实法：写实法是作品尽量模拟自然界的客观真实象形，精工细作，力求声情并茂，惟妙惟肖。形象点心成形摆盘的方法就是使用写实法。这样，一盘栩栩如生的菊花盘景就呈现出来了。

3）餐具的装饰艺术

制作精美的点心，一定要选用精致的餐具，才能体现点心的价值。在选择餐具的时候，一定要根据点心的形态色泽选择，主次分明，不喧宾夺主。要时刻注意选择突出制品特色的器皿。精美的点心是以味为主的综合艺术，一方面，面点的滋味存在于具体形色的面点当中；另一方面，面点的形色还能产生直接的滋味效果。因为形色能产生意识上滋味的感觉，这是食物本身的形态、颜色和滋味紧密结合的结果。面点的造型艺术，装饰艺术的形成，有一个历史的发展过程，是在坚持以味为主，通过造型表达情感，趣味、意境与"味"相辅相成，并逐渐形成民族特色，我们要保持这种特色，在现代科学理论的指导下进一步发展，充分体现面点的原料美、成型技艺美、组合装饰美，在不断的实践中大胆创新，把我国面点制作这一传统的技艺提高到一个新的水平。

4）面点作品赏析

参考文献

[1] 燕建泉.维扬食雕与菜肴造型[M].合肥：安徽科学技术出版社，1997.

[2] 吴晓伟.中餐烹饪美学[M].大连：大连理工大学出版社，2008.

[3] 劳动部教材办公室.烹饪美学[M].北京：中国劳动出版社，1994.

[4] 于国瑞.色彩构成[M].北京：清华大学出版社，2015.

[5] 巩显芳.烹饪技术基础[M].北京：中国纺织出版社，2011.

[6] 杨存根.名菜名点赏析[M].北京：科学出版社，2012.